教育部　财政部中等职业学校教师素质提高计划成果
计算机软件专业教师师资培训包开发项目（LBZD040）

中等职业学校计算机软件专业教师
教学能力标准
培训方案
培训质量评价指标体系

Zhongdeng Zhiye Xuexiao Jisuanji Ruanjian Zhuanye Jiaoshi

Jiaoxue Nengli Biaozhun

Peixun Fang'an

Peixun Zhiliang Pingjia Zhibiao Tixi

教育部　财政部　组编
黄旭明　主编
卢　宇　执行主编

北京师范大学出版集团
BEIJING NORMAL UNIVERSITY PUBLISHING GROUP
北京师范大学出版社

内容提要

　　本书是教育部和财政部"中等职业学校教师素质提高计划"中，"计算机软件师资培训包开发项目(LBZD017)"的成果之一，汇编了教师教学能力标准、教师培训方案和教师培训质量评价指标体系三个项目成果。主要介绍了中等职业学校计算机软件专业教师应具备的教育教学、专业知识及实践技能的能力标准，以教师教学能力标准为基础而制订的教师培训方案，以及从教师教学能力标准出发，围绕教师培训方案、培训条件、培训管理及培训效果等制订的教师培训质量评价指标体系。

　　本书可用于中等职业学校计算机软件专业教师上岗层级、提高层级和骨干层级的培训指导用书，也可以作为各级计算机软件专业教师培训的指导与参考用书。

图书在版编目(CIP) 数据

　　中等职业学校计算机软件专业教师教学能力标准、培训方案、培训质量评价指标体系／教育部，财政部组编.—北京：北京师范大学出版社，2012.3
　　ISBN 978-7-303-14107-4

　　Ⅰ.①中… Ⅱ.①教…②财… Ⅲ.①软件－中等专业学校－师资培训－教材　Ⅳ.① TP31

　　中国版本图书馆 CIP 数据核字（2012）第 018451 号

营销中心电话	010-58802755 58800035
北师大出版社职业教育分社网	http://zjfs.bnup.com.cn
电　子　信　箱	bsdzyjy@126.com

出版发行：北京师范大学出版社 www.bnup.com.cn
　　　　　北京新街口外大街 19 号
　　　　　邮政编码：100875
印　　刷：北京京师印务有限公司
经　　销：全国新华书店
开　　本：184 mm × 260 mm
印　　张：4.75
字　　数：100 千字
版　　次：2012 年 3 月第 1 版
印　　次：2012 年 3 月第 1 次印刷
定　　价：13.50 元

策划编辑：周光明	责任编辑：周光明
美术编辑：高　霞	装帧设计：国美嘉誉
责任校对：李　菌	责任印制：孙文凯

教育部　财政部中等职业学校教师素质提高计划成果
系列丛书

编写委员会

主　任　鲁昕

副主任　葛道凯　赵　路　王继平　孙光奇

成　员　郭春鸣　胡成玉　张禹钦　包华影　王继平（同济大学）

　　　　刘宏杰　王　征　王克杰　李新发

专家指导委员会

主　任　刘来泉

副主任　王宪成　石伟平

成　员　翟海魂　史国栋　周耕夫　俞启定　姜大源

　　　　邓泽民　杨铭铎　周志刚　夏金星　沈　希

　　　　徐肇杰　卢双盈　曹　晔　陈吉红　和　震

　　　　韩亚兰

教育部 财政部中等职业学校教师素质提高计划成果系列丛书

计算机软件专业师资培训包开发项目 （LBZD040）

项目牵头单位　福建师范大学

项目负责人　黄旭明

主　　　编　黄旭明

执 行 主 编　卢 宇

出版说明

根据 2005 年全国职业教育工作会议精神和《国务院关于大力发展职业教育的决定》(国发[2005]35 号),教育部、财政部 20096 年 12 月印发了《关于实施中等职业学校教师素质提高计划的意见》(教职成[2006]13 号),决定"十一五"期间中央财政投入 5 亿元用于实施中等职业学校师资队伍建设相关项目。其中,安排 4 000 万元,支持 39 个培训工作基础好、相关学科优势明显的全国重点建设职教师资培养培训基地牵头,联合有关高等学校、职业学校、行业企业,共同开发中等职业学校重点专业师资培训方案、课程和教材(以下简称"培训包项目")。

经过四年多的努力,培训包项目取得了丰富成果。一是开发了中等职业 70 个专业的教师培训包,内容包括专业教师的教学能力标准、培训方案、专业核心课程教材、专业教学法教材和培训质量评价指标体系 5 方面成果。二是开发了中等职业学校校长资格培训、提高培训和高级研修 3 个校长培训包,内容包括校长岗位职责和能力标准、培训方案、培训教材、培训质量评价指标体系 4 方面成果。三是取得了 7 项职教师资公共基础研究成果,内容包括中等职业学校德育课教师、职业指导和必理健康教育教师培训方案、培训教材、教师培训项目体系、教师培训网站建设等课程教材、政策研究、制度设计和信息平台等。上述成果,共整理汇编出 300 多本正式出版物。

培训包项目的实施具有如下特点:一是系统设计框架。项目成果涵盖了从标准、方案到教材、评价的一整套内容,成果之间紧密衔接。同时,针对职教师资队伍建设的基础性问题,设计了专门的公共基础研究课题。二是坚持调研先行。项目承担单位进行了 3 000 多次调研,深度访谈 2 000 多次,发放问卷 200 多万份,调研范围覆盖了 70 多个行业和全国所有省(区、市),收集了大量翔实的一手数据和材料,为提高成果的科学性奠定了坚实基础。三是多方广泛参与。在 39 年项目牵头单位组织下,另有 110 多所国内外高等学校和科研机构、260 多个行业企业、36 个政府管理部门、277 所职业院校参加了开发工作,参与研发人员 2 100 多人,形成了政府、学校、行业、企业和科研机构共同参与的研发模式。四是突出职教特色。项目成果打破学科体系,根据职业学校教学特点,结合产业发展实际,将行动导向、工作过程系统化、任务驱动等理念应用到项目开发中,体现了职教师资培训内宅和方式方法的特殊性。五是研究实践并进,几年来,项目承担单位在职业学校进行了 1 000 多次成果试验。阶段性成果形成后，在中等职业学校专业骨干教师国家级培训、省级培训、企业实践等活动中先行试用，不断总结经验、修改完善，提高了项目成果的针对性、应用性。六是严格过程管理。两部成立了起居室指导委员会和项目管理办公室，在项目实施过程中先后组织研讨、培训和推进会近 30 次，来自职业教育办学、研究和管理一线的数十位领导、专家和实践工作者对成果进行了严格把关，确保了项目开发的正确方向。

作为"十一五"期间教育部、财政部实施的中等职业学校教师素质提高计划的重要内容，培训包项目的实施及所取得的成果，对于进一步完善职业教育师资培养培训体系，推动职教师资培训工作的科学化、规范化具有基础性和开创性意义。这一系列成果，既是职教师资培养培训机构开展教师培训活动的专门教材，也是职业学校教师在职自学的重要读物，同时也将为各级职业教育管理部门加强和行改进职教教师管理和培训工作提供有益借鉴。希望各级教育行政部门、职教师资培训机构和职业学校要充分利用好这些成果。

为了高质量完成项目开发任选，全体项目承担单位和项目开发人员付出了巨大努力，中等职业学校教师素质提高计划专家指导委员会、项目管理办公室及相关方面的专家和同专投入了大量心血，承担出版任务的 11 家出版社开展了富有成效的工作。在此，我们一并表示衷心的感谢！

编写委员会
2011 年 10 月

前　言

　　中等职业学校教师素质提高计划重点专业师资培训计算机软件专业项目由中等职业学校、职业教育中心、软件企业及相关高校组成的团队共同研发。项目组从中等职业学校"计算机软件"专业办学现状（学生、教师、就业）、软件企业岗位需求（岗位架构体系、中职生就业岗位能力需求）、企事业信息化应用岗位需求（应用分析、岗位需求）、软件研发技术与应用技术现状、教师技术知识结构与专业教学能力等五个方面进行了深入的调研，分析了软件企业及信息化应用对计算机软件蓝领人才的技能与综合素质需求，探讨了中等职业学校"计算机软件"专业毕业生的就业岗位及以技术发展为导向的专业培养目标；并在此基础上，完成了"计算机软件"专业教师教学能力标准体系建设；开发了与技术发展同步、以项目实践为核心的强化中职"计算机软件"专业教师实践教学技能的各层次师资培训方案；构建了合理、操作性强的专业教师培训质量评价指标体系；完成了专业教师培训核心课程及专业教学法教材的建设。

　　项目研发成果与实施将全面提升中职"计算机软件"专业教师的双师型综合素质，适应"计算机软件"专业教育在课程设置、实训实习方式的改革与发展，造就一支以就业为导向，满足技能性和实践性教学要求的中等职业学校"计算机软件"专业教师队伍，从而有效提高软件蓝领人才的培养质量与适应性。

　　本书是中等职业学校教师素质提高计划重点专业师资培训计算机软件专业项目建设的主要组成部分，包含了计算机软件专业教师教学能力标准、培训方案及培训质量评价指标体系等三个部分。

　　教师教学能力标准以行业针对性、过程行动性、系统层次性为原则进行设计，从实践能力分解（软件设计与开发能力、软件过程理解与执行能力、岗位理解与分析能力）及教学能力分解（课程设计能力、制定授课计划能力、案例教学能力、行动导向授课能力、实训实习指导能力、专业教学评价能力）两个维度进行定义。

　　教师培训方案以软件产业与技术发展现状及软件企业人才岗位架构与岗位能力分析为基础，以教师教学能力标准为依据，针对上岗培训、提高培训、骨干培训三个层次设计了完整的培训体系与内容。

　　培训质量评价指标体系以教师培训方案为依据，从培训实施方案、培训条件、培训管理、培训效果四个方面构建了质量评价指标体系，为评价计算机软件专业教师培训机构提供了科学、可操作、统一的量化标准。

  本书是计算机软件专业项目组全体成员共同研究的成果，由项目主持人福建师范大学黄旭明担任主编，福建师范大学卢宇担任执行主编，黄旭明负责全书内容的统筹与统稿。

  主要执笔人员：黄旭明、卢　宇、卢起雪、龚家骧、邱永渠、赖建辉、陈霄门。

  其他执笔人员：吴柳熙、陈从俊等。

  本书编写得到了"中等职业学校教师素质提高计划"专家指导委员会的指导与帮助，也得到了福建师范大学、元数位（福建）软件有限公司、福建宏天信息产业有限公司等单位的大力支持，在此表示衷心感谢。

中等职业学校教师素质提高计划重点专业师资培训计算机软件专业项目组
2012 年 2 月 8 日

目 录

第三部分　中等职业学校计算机软件专业教师培训质量评价指标体系

第一部分 中等职业学校计算机软件专业教师教学能力标准

第一章　总则

1　名称释义

（1）计算机软件专业教师

在本标准中特指在中等职业学校从事"计算机软件"专业课程教学的教师。

（2）专业课程

在本标准中特指计算机软件专业课程包含计算机软件专业基础课、计算机软件专业技能课、计算机软件专业校内实训课。

（3）专业实践能力

在本标准中特指计算机软件专业教师在从事专业实践中所应具备的能力，不包含职业教育各专业教师所应具备的共有的实践能力。

（4）专业教学能力

在本标准中特指计算机软件专业教师在从事专业课程教学中所应具备的能力，不包含职业教育各专业教师所应具备的共有的教学能力。

2　适用对象与范围

（1）本标准适用于在中等职业学校从事"计算机软件专业"教学的教师。

（2）本标准适用于中等职业学校教育主管部门对"计算机软件专业"专业教师进行专业教学能力的考核。

（3）本标准适用于培训机构对"计算机软件专业"教师进行岗位培训方案的设计、实施。

3　设计遵循原则

（1）行业针对性

1）行业特性：技术发展升级快、应用面广。

2）岗位特性：岗位多、岗位间的关联度高、工作模式差异大。

3）能力特性：兼具逻辑思维能力、形象思维能力、团队协作能力。

从以上三个特性的角度分析、构建专业教师的软件开发、软件过程理解与执行和岗位理解与分析等能力。

（2）过程行动性

1）软件生产行动过程：软件工程体系、流程、环节。

2)专业教学行动过程：专业课程体系认识、专业基础课教学、专业技能课案例教学、岗位实训、实践教学评价。

以这两个行动过程为基础，分别从工程师与专业职业教育的角度分析、构建专业教师的双师素质型教学能力。

(3)系统层次性

1)系统性

行业、工程、教师。

2)层次性

行业：技术、岗位、管理

工程：环节、流程、体系

教师：上岗、提高、骨干

培训的架构体系从系统性与层次性两个维度设计。

4 从两个维度定义计算机软件专业教师能力标准

(1)实践能力分解

1)软件设计与开发能力

专业实战能力，需要持续更新、补充技术知识的能力；要能掌握开发工具的应用（至少能熟练使用当前一种主流开发工具）和数据库操作（至少能熟练使用当前一种主流数据库管理工具），熟悉 Web 设计技术；具备一定的团队合作能力，掌握一种团队开发工具。

2)软件过程理解与执行能力

了解软件项目的开发过程，按照过程规范执行项目开发任务。根据企业应用软件和网站设计的项目需求，能够进行小型项目开发，包括需求分析、详细设计、程序代码编写（包括数据库编程）、对程序代码进行测试（包括单元测试、压力测试等）及相应的文档编写，同时具备项目的稳定部署能力；熟悉团队开发模式，善于沟通，有一定的协调管理能力。

3)岗位理解与分析能力

在获得上述两个能力的基础上，对软件企业岗位设置和相应技能能够理解和分析。具体表现在，能够深入理解软件企业及软件信息化应用的工作体系、工作流程、工作环节及岗位设置、岗位职责以及岗位技能要求，理解中职人才培养体系与岗位技能、岗位知识结构的对应关系。了解和跟踪技术发展趋势，具备学习、实践新技术的能力。

(2)教学能力分解

1)课程设计能力

能从专业与教授对象特性、教学需求出发进行规范的专业课程设计，课程设计目的任务明确，选题符合教学基本要求，难易适度，分量适当，并能根据专业平台、技术、教授对象变化，适时修正设计，以提高课程设计的质量。

2）制订授课计划能力

能从专业培养目标出发，了解学生能力构成，明确学生课程学习起点水平，结合技能需求与教学材料编写符合要求的授课计划。

3）行动导向教学能力

掌握四阶段教学法、项目教学法、任务驱动教学法、案例教学法等基于行动导向的教学方法，能在职业性原则指导下，实施基于专业工作特征的行动导向教学。具体表现在，能够清晰理解计算机软件专业培养方案课程设置与软件生产过程的对应关系；能够在专业课程教学中，细化岗位工作技能目标培养为各种项目、任务与案例，通过项目、任务、案例串接、构建专业课程知识与技能体系；引导、激发学生在项目、任务、案例情景中行动、学习，达到专业培养目标。

4）实训实习指导能力

能根据软件生产过程与岗位技能要求，指导学生校内外岗位实训、实习，帮助学生向企业职员转化。具体表现在，能够在校内实训中，对企业项目按岗位、技能层次进行分解、整合，根据学生的个性能力，帮助学生配置合适的团队，组织学生按工作过程，以团队方式完成项目的开发，初步建立积极的工作态度；在校外实训、实习中，能够与企业实训、实习指导工程师进行技术沟通，辅助企业引导学生适应企业环境、转化角色。

5）专业教学评价能力

能对学生学习效果进行评价，能够对教学项目、任务、案例的合理性及教师教学实施过程进行评价，具备组织教学评价能力、设置专业课评价体系能力、分析教师教学实施过程的评价能力。

第二章 中等职业学校计算机软件专业教师实践能力标准

模块一 软件设计与开发

能　力	层　级
1. 软件开发知识结构	
1.1 专业理论知识水平（具备大学本科或以上层次的软件及相关专业的基础知识）	
1.1.1 了解操作系统原理	
1. 了解内存管理	
2. 了解 I/O 管理与磁盘调度	
3. 了解文件管理	上岗
4. 了解处理调度机制	
5. 了解进程与分布式进程管理	
6. 了解死锁处理	提高
7. 了解操作系统的安全性	
1.1.2 掌握数据结构与算法	
1. 了解算法分析	上岗
2. 熟悉排序、查找算法	
3. 掌握常用数据结构：表、栈、队列、树	提高
4. 了解图论算法	
1.1.3 掌握程序设计知识	
1. 了解结构化程序设计方法	
2. 了解面向对象程序设计方法	上岗
3. 掌握程序结构和基本语法	
4. 掌握顺序、循环和选择等结构的使用	
1.1.4 掌握关系数据库原理	
1. 了解关系模型的数据结构	上岗
2. 了解关系模型的数据操作	
3. 了解关系模型的完整性约束	提高
4. 了解关系模型的范式	
1.1.5 掌握 Web 设计基础知识	

能　力	层　级
1. 掌握 html 技术设计基础	上岗
2. 掌握 xhtml 技术设计基础	
3. 掌握 JavaScript 代码编写	
4. 掌握 CSS、Div 基础知识	
1.2 具备软件工程基本知识	
1.2.1 了解软件工程的生命周期模型①	提高
1. 了解瀑布模型及其应用场景	
2. 了解原型模型及其应用场景	
3. 了解喷泉模型及其应用场景	
4. 了解螺旋模型及其应用场景	
1.2.2 了解至少一种软件工程规范	提高
1. 了解软件工程规范的意义	
2. 了解过程成熟度	
3. 了解软件规模估算	
4. 了解资源和进度估算	
5. 了解软件质量管理	
1.2.3 了解软件工程方法	骨干
1. 了解需求分析方法	
2. 了解概要设计方法	
3. 了解详细设计方法	
4. 了解软件编码方法	
5. 了解软件测试方法	
6. 了解软件维护方法	
1.2.4 掌握至少一种软件测试方法	上岗
1. 了解软件测试的意义	
2. 了解软件测试与软件开发的关系、软件测试与软件质量的关系	
3. 掌握黑盒测试及其用例的设计方法	

---

① 软件工程中几个常用的软件生命周期模型包括瀑布模型、原型模型、喷泉模型、螺旋模型和混合模型。

续表

能　力　　　　　　　　描　述	层　级
4. 了解白盒测试及其用例的设计方法	提高
5. 了解软件测试策略①	骨干
2. 工程实践与技术应用	
2.1 软件工程实践能力	
2.1.1 基本掌握完整的软件项目②实施流程	
1. 能根据用户需求说明书进行数据库设计	上岗
2. 能按照软件项目管理和软件工程的要求，根据系统详细设计说明书完成软件设计，编制程序设计规格说明书等相应文档	上岗
3. 能按照软件项目管理和软件工程的要求，根据程序设计规格说明书编码并调试程序，写出相应的程序说明文档	上岗
4. 能根据测试说明书进行软件测试，明确软件测试的步骤：单元测试、集成测试、确认测试、系统测试	提高
5. 能将开发完成的软件产品部署到客户计算机中	提高
2.1.2 软件项目管理能力	
1. 能运用项目管理工具③进行任务和资源分配	骨干
2. 能安排软件项目的开发进程并根据进程计划调整	骨干
3. 对外能与客户沟通、协调，对内能与软件工程师沟通、协调	骨干
2.2 专业技术应用能力	
2.2.1 办公软件综合应用(Office综合应用)	
1. 能用 Word 表达软件需求	上岗
2. 能用 PowerPoint 表达解决方案	上岗
3. 能用 Excel 编写项目计划	上岗
2.2.2 熟练掌握至少一种面向对象开发语言	
1. 掌握类的实现方法和基本语法	上岗

---

① 软件测试策略要了解软件测试的复杂性分析方法，了解单元测试、集成测试、确认测试的概念与方法，以及了解系统测试、验收测试、面向对象的软件测试的概念与方法和测试后的调试的概念与方法。

② 软件项目是指利用有限资源、在一定时间内完成满足一系列以软件为核心的多项相关工作，此处软件项目特指小型软件项目即项目功能相对较少，涉及面相对较狭窄，开发人员较少，人员结构简单；开发周期较短，少则两三个月，多则一到两年；要求教师对软件工程有一定的了解，但不一定要全面。

③ 项目管理工具以 Project 应用为例，应做到运用 Project 创建任务列表、设置 Project 资源、为 Project 任务分配资源、文件的格式化与打印、跟踪任务进度。

续表

能　　力	层　　级
2. 掌握类的继承操作	
3. 掌握对象间的通信即消息传递	上岗
4. 掌握多态性(也称重载)方法	
2.2.3 熟练应用一种主流开发平台	
1. 了解 IIS 服务器	
2. 熟练中断与非中断(正常)模式下的调试	
3. 熟练运用错误处理(try … catch … finally)方法及掌握异常处理的注意事项	提高
4. 熟练运用缓存技术	
5. 熟练运用开发工具中的报表应用技术	
2.2.4 熟练应用至少一种数据库管理系统	
1. 熟练应用开发平台与数据库之间的连接	
2. 熟练安装和配置数据库,掌握简单的常用操作如备份、还原、调度等	上岗
3. 能为软件项目建立概念数据模型和逻辑数据模型	
4. 用 SQL 语言的 DDL 创建和删除常用数据库对象:库、表、视图、索引等	
5. 用 SQL 语言的 DML 插入、修改和删除记录	
6. 用 SQL 语言的 DQL 进行查询	提高
7. 在插入、修改、删除和查询中使用子查询	
2.2.5 熟练应用一种 Web 开发语言及工具	
1. 能熟练运用开发工具进行 Web 开发	
2. 能运用开发工具对页面框架进行剖析	
3. 能熟练运用常用的客户端控件进行开发	提高
4. 能熟练运用常用的 Web 服务器控件进行开发	
5. 能熟练创建和运用用户自定义控件	
6. 能熟练使用验证控件进行开发	
7. 能熟练掌握 SESSION、COOKIE、REQUEST、RESPONSE 对象	骨干
8. 熟悉 AJAX 技术,掌握 AJAX 基础结构和服务端控件的应用	
9. 熟悉 Web Service 技术	

模块二　软件过程理解与执行

能　力	层　级
1. 软件过程理解能力	
1.1 了解软件过程管理体系	
1.1.1 了解软件开发流程及流程中的相关环节	
1. 了解需求确认，知道客户想要的是怎样一个系统，要有哪些功能，理解需求规格说明书	上岗
2. 理解概要设计，分析如何实现系统及概要设计时应该遵循的基本原理	
3. 理解详细设计，确定系统实现的具体要求	
4. 理解程序代码，了解实现系统相应功能的算法	
5. 理解测试步骤，包含单元测试、集成测试、确认测试、系统测试	提高
6. 了解软件开发后期的维护工作需求	
1.1.2 了解项目控制①重点	
1. 理解项目的范围	
2. 理解项目的质量	骨干
3. 理解项目的工期	
4. 理解项目的成本	
1.1.3 了解软件工程规范的使用	
1. 了解过程成熟度在软件项目中的用途	提高
2. 了解软件规模估算在软件项目中的用途	
3. 了解资源和进度估算在软件项目中的用途	骨干
4. 了解软件质量管理在软件项目中的用途	
1.2 理解软件过程主要文档	
1.2.1 理解需求说明书	
1. 理解项目的任务	
2. 理解项目的基本功能	提高
3. 理解用例图、活动图、类图、顺序图、状态图	

---

① 项目控制是以事先制订的计划和标准为依据，定期或不定期地对项目实施的所有环节进行调查、分析、建议和咨询，发现项目活动与标准之间的偏离，提出切实可行的实施方案，供项目的管理层决策的过程。

能　力	层　级
4. 理解项目的性能要求	骨干
1.2.2 理解数据库设计模型	
1. 理解数据库实体关系（E-R）	提高
2. 理解数据字典	
3. 理解数据流图	骨干
1.2.3 理解详细设计说明书	
1. 理解模块化的设计，含模块结构图和评判标准	提高
2. 理解程序流程图	
3. 理解包图、构件图、部署图、协作图、程序员导航图	骨干
1.2.4 理解软件测试说明书	
1. 理解测试要点	提高
2. 理解测试方法	
3. 理解测试用例	
1.2.5 理解软件使用说明书	
1. 理解软件说明书上表述的功能	提高
2. 理解软件功能的操作方法	
1.2.6. 理解软件维护说明书	
1. 理解安装、卸载、升级说明	提高
2. 理解日常维护工作	
3. 理解常用故障处理说明	
2. 软件过程执行能力	
2.1 能够初步分析软件项目	
2.1.1 获取和表述需求	
1. 理解项目需求，能分析和归纳项目的需求要点	骨干
2. 使用相应的工具表述项目需求	
2.1.2 获取和实现项目的功能	
1. 能从项目的需求中抽取出项目的功能和性能需求	骨干
2. 能实现项目功能的设计	
2.1.3 获取和建立数据库关系模型	

续表

能　　力	层　级
1. 能从项目的需求中抽取数据库实体关系	骨干
2. 能建立数据库实体关系(E-R)模型	
2.2 软件开发和维护能力	
2.2.1 能根据详细设计说明书，独立执行或协同团队进行项目开发	
1. 能根据详细设计说明书编码	骨干
2. 能配合团队其他成员进行程序联调	
2.2.2. 能进行日常的软件维护	
1. 能指导用户进行日常的软件维护	骨干
2. 能根据用户反馈意见修改程序	
2.3 团队合作能力	
2.3.1 团队开发配合	
1. 了解软件开发的团队协作方式	
2. 理解成员在团队中的角色安排并分配各角色各阶段的开发任务	上岗
3. 掌握一种常用的团队开发工具(如：SVN、CVS、VSS 等)	
4. 能与他人分享技术资源	提高
2.3.2 团队协作交流	
1. 收集、分析软件开发交流中存在的问题(写出存在的问题和分析文档)	提高
2. 能普遍处理软件开发交流中存在的问题	
3. 辅助制定解决软件开发过程中沟通障碍的有效措施(提供措施文档)	骨干

模块三　岗位理解与分析

能　　力	层　级
1. 岗位认知能力	
1.1 行业发展与应用认知	
1.1.1 本地区软件行业现状认知	
1. 能表述本地区与省级软件行业现状间的差异	
2. 能表述计算机软件在本地区某行业中的应用情况	
3. 能表述计算机软件在本地区信息化中的应用情况	上岗
4. 能表述在本地区信息化应用中技术平台应用情况	

续表

能　　　力	层　级
1.1.2 软件行业发展趋势认知	
1. 能表述计算机软件在本地区信息化应用的发展趋势	提高
2. 能表述软件行业技术发展趋势	
3. 能表述软件行业市场发展趋势	
4. 能表述软件行业未来人才结构的需求	
1.2 软件企业岗位架构认知	
1.2.1 企业岗位认知	
1. 能表述软件企业岗位构成	骨干
2. 能表述软件企业软件研发人员岗位职责	
3. 能表述程序员的工作流程与工作规范	
4. 能表述或画出软件工程项目实施的基本流程	
1.2.2 企业岗位间关系认知	
1. 能画出软件企业软件研发人员岗位设置关联图	骨干
2. 能表述技术与应用发展对软件企业岗位设置的影响	
3. 能根据软件企业岗位构成，阐述各岗位之间的关联关系	
4. 能画出软件企业与本专业相关的岗位设置关联图，包括层次、分类和职责	
2. 岗位关系理解能力	
2.1 软件企业岗位职责、技能分析	
2.1.1 岗位职责分析	
1. 能表述专业培养方案中课程设置与岗位、岗位技能的对应关系	上岗
2. 能表述具体岗位员工应承担的任务以及具体的工作方式	
3. 能表述软件企业及信息化应用的工作体系，画出工作流程，表述各环节的工作任务	
2.1.2 技能分析	
1. 能表述初级程序员①的技能要求	上岗
2. 能根据学生的个体能力与技能表现给出具体的就业岗位建议	提高

① 初级程序员：当我们从事计算机的活动时，我们用一种计算机语言与计算机进行交流。与人类语言一样，计算机语言也是由一些根据特殊规则构成字的符号组成。这些字被依次联结成命令或语句。计算机的所有操作都是由一系列的命令完成的。这一系列命令叫做程序，编写程序的人叫做程序设计员。对于初级程序员需要通过编写程序完成一定的功能，可以不考虑效率、性能。

续表

能　力	层　级
2.2 专业培养方案与岗位技能关系认知	
2.2.1 培养方案认知	
1. 能正确表述本专业人才培养目标	提高
2. 能画出本专业课程体系架构	
3. 能根据学校师资、生源情况和教学环境资源，选取、设计与岗位技能相适应的专业培养实施方案	骨干
2.2.2 岗位技能与培养方案关系认知	
1. 能联系岗位技能需求对专业培养方案提出改进意见	
2. 能说出与本专业学生相关联的软件企业岗位群	骨干
3. 能根据培养方案和岗位技能要求组织其他教师开展毕业生岗前培训工作	

第三章 中等职业学校计算机软件专业教师教学能力标准

1. 课程设计

能　　　力	层　级
1.1 明确教学需求	
1.1.1 了解教学对象的特性	
1. 能设计用于了解教学对象的知识与技能水平的问卷	上岗
2. 能设计用于了解教学对象的兴趣与爱好的问卷	提高
3. 能分析教学对象群体的心理学特性	骨干
1.1.2 调研教学需求	
1. 能表述专业培养方案确定的专业培养目标以及培养方式	上岗
2. 能表述课程与专业培养方案中的其他课程之间的关联	
3. 能表述该课程与软件企业当前的主流技术、开发方式或企业工作环节间的关联关系	提高
4. 能依据软件行业的技术发展确定课程的开发方向	骨干
1.1.3 了解软件行业发展	
1. 能表述软件行业的发展趋势	上岗
2. 能就软件行业的新技术，新思想发表较为专业的见解	提高
3. 能与软件行业的从业人员进行技术层面的交流	骨干
1.2 确定课程设计的目的	
1.2.1 确定课程设计目的	
1. 能表述课程设计的目的与意义	上岗
2. 能设计与培养方案相符合的课程设计目标	提高
3. 能分析课程设计的知识与技能要点	骨干
4. 能依据教学需求与软件行业需求确定课程设计的主题	
1.3 确定课程设计的原则	
1.3.1 确定课程设计的基本原则	
1. 能依据课程的复杂度以及教学对象的接受能力水平确定课程的教授时间	上岗
2. 能依据教学对象的特性设计课程的实施方式	
3. 能依据课程的知识与技能的层次性设计课程的具体实现程序	提高
4. 能围绕课程目标确定课程的主要知识与技术	骨干
1.3.2 确定课程设计的专业性原则	

能　　力	层　　级
1. 能在课程设计中结合企业生产实际以确保课程相关技术的实用性	骨干
2. 能在课程设计中结合当前软件行业的主流技术与主流思想以确保课程应用相关技术的先进性	骨干
1.4 把握课程设计的行业特性	
1. 软件行业技术特性认知	
2. 知道软件行业技术发展更新快的特性	上岗
3. 软件行业岗位特性认知	
4. 知道软件行业新兴岗位增加快的特性	提高
5. 能阐述软件行业岗位间的关联特性	骨干
1.5 分析与设计课程的内容	
1.5.1 确定课程设计的框架	
1. 能指出课程设计的选材范围	
2. 能描述课程设计中的主要环节	骨干
3. 能设计与软件企业技术发展相匹配的课程框架	
1.5.2 确定课程设计的内容	
1. 能指出课程设计的知识与技能要点	提高
2. 能分析课程设计的重点与难点	提高
3. 能依据分析结果合理设计与安排课程内容	
4. 能在课程中尽量多地使用从软件企业的实际工作环节或实际项目转化而来的项目、任务与案例	骨干
1.5.3 丰富课程设计的内容	
1. 能依据课程教学对象的特性添加课程设计的素材	提高
2. 能结合软件专业特点升华课程内容的表现形式	骨干
1.6 评判课程设计的合理性	
1.6.1 评判课程的合理性	
1. 能从教与学的角度评判课程设计的合理性	提高
1.6.2 评判课程的实用性	
1. 能从就业与从业角度评判课程的实用性	骨干
1.6.3 评判课程的先进性	
1. 能从教学角度评判课程的先进性	骨干
2. 能从软件技术发展的角度评判课程的先进性	骨干

2. 制订授课计划

能　力	层　级
2.1 解读培养方案	
1. 明确专业培养目标	
2. 明确职业道德目标	上岗
3. 明确职业能力目标	
2.2 解读教学计划	
2.2.1 明确课程地位和作用	
1. 能阐述课程在专业培养目标中的地位和作用	提高
2. 能表述课程与前继课程以及后续课程之间的知识与技能关联	
2.2.2 明确课程的教学目标	
1. 能阐述课程的教学目标	上岗
2. 能评判所制定的教学目标是否符合专业培养方案对课程的要求	
3. 能对课程教学是否达到既定的教学目标进行反思	提高
4. 能对教学目标中不合理的部分提出修改意见或建议	
2.2.3 明确教学计划内容	
1. 能详细阐述教学内容和教学规范	上岗
2. 能正确执行教学计划	
2.3 解读职业资格标准	
2.3.1 理解软件行业的岗位	
1. 能够描述企业岗位设置	提高
2. 能够画出企业各岗位间的关联图	
2.3.2 分析软件行业的岗位	
1. 能够根据企业岗位职责分析技术应用	提高
2. 能够分析专业培养方案与岗位技能关系	
3. 能够表述出教学对象在软件企业就业时可能从事的岗位	
4. 能够描述岗位的后续发展、岗位变迁所应该具备的知识技能扩展	骨干
2.4 确定教学计划	
2.4.1 制定教学进度	

续表

能　　力	层　　级
1. 明确教学任务，教学时间以及可能存在的影响因素	上岗
2. 能合理地分配理论教学和实践教学的比例	提高
3. 能制定合理的教学进度表	
2.4.2 调整教学进度	
1. 能根据实际的教学效果适当的调整教学进度	提高
2.4.3 制订授课计划	
1. 能依据学生现有的知识结构和技能水平制订符合专业培养目标的授课计划	提高
2. 能制订符合专业培养目标的实训计划	骨干

3. 行动导向教学应用设计

能　　力	层　　级
3.1 方法应用	
3.1.1 理解项目教学法、任务驱动教学法与案例教学法	
1. 能描述三种教学法的原理、教学过程以及评价方法	
2. 日常教学中能正确运用三种教学法	上岗
3. 理解根据教学需求设计的项目、任务与案例	
4. 能引导、启发学生理解教学法运用中的项目、任务与案例	提高
3.1.2 教学运用	
1. 善于将教学过程中的项目、任务、案例与技能、知识相关联，以便学生在行动过程中理解、掌握技能与知识	提高
2. 对不同学习起点的学生，实施行动导向教学时，能进行项目、任务、案例分解和优化重组	
3.2 教学法运用中项目、任务与案例的评判	
3.2.1 选择	
1. 根据课程要求收集、查阅相关项目、任务与案例资料	上岗
2. 针对学生的兴趣、爱好和接受能力选择合适的项目、任务与案例	提高
3.2.2 评判	
1. 能够发现与修改教学法运用中项目、任务与案例出现的错误	提高

能　力	层　级
2. 对教学法运用中项目、任务与案例是否能适应教学需要，是否贴近实际应用能进行正确的评判	骨干
3. 对教学法运用中项目、任务与案例关联的知识与技能是否达到知识目标与技能目标的要求能进行正确的评判	
3.3 教学法运用中项目、任务与案例的设计	
3.3.1 分析	
1. 能分层次理解项目实例，深入分析，发掘实例多方面的教学意义	提高
3.3.2 设计	
1. 能根据课程技能与知识需求，设计与编制合适教学运用的项目、任务与案例	提高
2. 能搭建项目、任务与案例教学运用的开发环境和运行环境	提高
3. 能实际编制项目、任务、案例教学运用中要实现的程序代码	提高
3.4 教学法运用中项目、任务与案例的改进	
3.4.1 优化	
1. 能对不合理的或不适应现阶段教学的项目、任务与案例进行优化重组	骨干
3.4.2 补充	
1. 能对教学运用中的项目、任务与案例进行分析、总结并指出其中的不足	骨干
2. 能及时发现并设法补充教学法运用中缺失的知识与技能	

4. 教学准备

能　力	层　级
4.1 目标认知	
4.1.1 课程体系认知	
1. 能表述专业技能课程构成及设置意义	上岗
2. 能画出本专业课程体系架构图	提高
4.1.2 教学对象认知	
1. 能依据培养目标和所任班级学生的实际水平调整教学的重难点，构建合适的教学情境	提高
2. 能依据所在班级学生现有的知识结构和技能水平制定合适的教学方式	骨干

续表

能　力	层　级
4.1.3 实训实习认知	
1. 能表述校内实训的意义与目标	提高
2. 能根据实训项目需求与培养目标要求，选择适当的实现技术平台，并表述选择的理由	提高
3. 能根据校内实训项目书，提出学生团队架构与组建方案，表述团队队员的岗位职责与技能要求	
4.2 行业认知	
4.2.1 行业现状认知	
1. 能表述本地区的软件行业现状	提高
2. 能表述计算机软件在本地区某行业中的应用情况	
4.2.2 企业现状认知	
1. 能画出软件企业软件开发人员岗位设置关联图	
2. 能指出教学对象在软件企业就业时可能从事的工作岗位	提高
3. 掌握当前软件企业使用的主流技术	
4. 能指出课程在企业工作中的应用领域	
4.3 教学情景准备	
4.3.1 教辅资源选择	
1. 能依据课程教学需要选择合适的教辅资源	上岗
2. 能依据学生能力水平推荐相应的学习材料	提高
4.3.2 课堂教学情景准备	
1. 从日常生活或企业工作中总结与课程教学相关的实例	上岗
2. 结合日常实例或工作实例进行教学情景设计	提高
3. 能将企业工作过程或软件开发环节分解为示例并进行教学情景设计	骨干
4.3.3 实训教学情景准备	
1. 能针对校内实训搭建企业工作情景	提高
2. 能在校内实训中融入企业工作规范、工作理念与企业文化	骨干

5. 实施教学

能　　　力	层　级
5.1 课堂教学	
5.1.1 资源分析、设计	
1. 能根据具体应用任务需求设计综合应用资源(项目、任务、案例)	上岗
2. 能按软件开发过程引导学生完成一个或多个与企业工作环节相似或相近的项目、任务或案例	提高
3. 能将企业实际研发项目分解为教学资源(项目、任务、案例)	骨干
5.1.2 教学分析	
1. 能对具体的技能培养,正确分析、选择教学资源(项目、任务、案例),构建教学情境	上岗
2. 能结合学校软、硬件资源情况,构建适当的软件研发和学生实习实训环境	提高
3. 能根据学校的条件、生源特点及本专业对应的岗位需求情况制定相适应的培养方案	骨干
4. 能根据当前技术平台的版本更新,对技能培养目标制定相适应的调整计划	
5.1.3 教学设计	
1. 能针对不同水平的学生分解、优化、重组、实施行动导向教学	提高
2. 能根据技术发展与应用现状,提出调整、补充教学资源(项目、任务、案例)结构	
3. 能组织和指导其他教师进行培养方案的修改,教材的编写和资源的设计	骨干
4. 能在日常教学中把知识点转化为与日常生活相关的事例,并进行形象化的描述	
5. 能把企业生产环节分解为简单教学资源(项目、任务、案例)或教学情景,并结合教材知识点进行呈现	
5.2 实训教学	
5.2.1 实训规划	
1. 能结合参训学生知识与技能现状,将项目分解为适当的实训进度模块,制定所承担的实训项目指导、实施计划表	提高
2. 能根据既定的实训项目要求,准备实训材料与部署软、硬件环境	

能　　力	层　级
3. 能组织一个具体实训项目指导教师团队的教研活动，评判实训项目目标设计与具体实施计划的合理性并讨论修改意见	骨干
5.2.2 实训实施	
1. 能对给出的实训项目要求，依据企业工作流程设计相应的规范的项目开发流程	
2. 能把具体的企业项目按技能层次进行分解、整合，并根据学生的兴趣与技能水平进行项目模块的分配与重组	骨干
3. 能依据企业工作体系、流程与环节，将企业实际研发完成的项目，分解、设计成校内实训项目并编写出实训方案书	

6. 教学评价

能　　力	层　级
6.1 学生评价	
6.1.1 学生技能学习行动过程评价	
1. 能编制学生技能训练相关联的学生考核练习案例	上岗
2. 能根据项目、任务与案例的设计目标与实现过程，按照评价标准，分步评价学生技能水平	
3. 能编写测试用例对学生完成的校内实训模块进行测试，给出评价，判定学生的岗位技能水平	提高
4. 能引导学生对自己完成的案例、项目及岗位任务进行自我评价	
5. 能从项目团队的表现，试验小组的表现等方面评价学生的团队协作能力	
6. 能根据学生达成技能目标的行为表现和与学生的课后交流评价学生的语言表达能力、逻辑思维能力以及个性特征，提出岗位适应性建议	骨干
7. 能从专业培养目标的角度出发，设计学生知识技能水平的评价指标体系，全面评价学生的专业知识、技能与综合能力水平	
6.1.2 教学案例评价	
1. 能正确填写教学案例评价表	上岗
2. 能编制与专业技能课教学案例、学生训练案例相关联的考核案例	提高
3. 能根据校内实训项目执行计划与软件过程技能要求，制定评价细则	

续表

能　　力	层　级
4. 能根据学生的知识结构水平和技能水平评价案例教学计划的合理性，对不合理的部分能够提出恰当的修改意见	骨干
5. 能根据专业培养目标和知识点关联角度评价案例设计或选取的合理性	
6.2 过程评价	
6.2.1 行动导向教学评价	
1. 能够评价教师教学实施过程，并提出修改性意见	
2. 能组织行动导向教学评价活动	骨干
3. 能对行动导向教学实施过程提出具有指导性或建设性的意见或建议	
6.2.2 项目实训评价	
1. 能引导学生对自己完成的项目目标、过程和效果进行反思	提高
2. 能画出企业项目实施和验收的基本流程环节，并据此对具体校内实训项目的完成情况给出合理性评价	骨干
3. 能根据项目质量管理方法，评价学生实训、实习项目整体质量	
6.2.3 顶岗实习评价	
1. 能根据技术发展与岗位变化对实训、实习成绩评定办法提出修订意见	骨干
2. 能在实训、实习评价基础上指出学生的知识与技能缺陷，对学生的学习方向与发展方向提出建议	

7. 教学指导

能　　力	层　级
7.1 基础指导能力	
7.1.1 基础课任务分析、分解、整合	
1. 能对给出的专业基础课程教学案例的行动过程，表述其所串接的知识点；能依据行动过程，独立、正确完成案例的操作流程；能对学生案例行动过程中出现的疑问或具体问题予以正确的引导与示范	上岗
2. 能将一个软件模块按技能分解为与知识点相关联的教学案例	提高
7.1.2 实践课任务分析、分解、整合	
1. 能对给出的实际项目开发具体环节，表述其与教学案例间的关系	上岗
2. 能对给出的专业技能课程案例进行可行性评判，提出对案例的改进意见	提高

能　　力	层　级
3. 能将一个完整的软件项目分解为系统化、过程化的案例，使案例适应各专业技能课的教学与情境设计，能呈现案例与企业生产过程的对应关系	骨干
7.2 开发指导能力	
7.2.1 校内实训项目开发指导	
1. 能引导学生使用正确的方法分析解决实训过程中出现的技术问题	
2. 能表述软件实训项目基本要求讲解、技术准备、需求分析、逻辑设计、物理设计、数据层设计和表示层设计 7 个部分的工作要求	提高
3. 能依据软件文档写作的基本要求，写出软件文档分块范文并予以讲解	
4. 能把握实训或实习过程的重点与难点，有针对性的对学生进行辅导	
7.2.2 校外实习岗位职责与技能指导	
1. 能表述校内、外实训及顶岗实习的目标、关系与具体要求	
2. 每年能根据本专业应届生的教学实施实际情况，规划制定本届学生的校内、外实训与实习方案	骨干
3. 能根据技术发展、岗位需求、生源情况提出校外实训实习基地建设方案	
7.2.3 团队组织与协调	
1. 能表述所指导项目学生团队间的差异	
2. 能在实训或实习中使用企业的项目或生产管理方式，引导学生适应岗位工作，培养学生正确的工作方式与工作规范	提高
3. 具备良好的团队协作能力，能与其他教师或企业实训，实习指导工程师进行技术层面技术和管理层面的交流与合作	骨干
4. 能指导校内实训教师，构建企业软、硬件工作环境，帮助实训教师理解企业的工作方式、工作理念、工作规范	
7.2.4 实训实习过程监控	
1. 能根据学生实际掌握的知识水平与技能水平，及时发现学生在实训中未能无法具备或未曾涉及的岗位工作知识或技能，并提出补缺与进度调整方案	提高
2. 能根据实训实习的实际效果适当调整时间安排，保证绝大部分的学生能在规定的时间内完成既定的实训项目	
3. 能与实训实习企业相关技术与管理人员沟通，正确表述企业实训实习项目与环境要求，指导实训实习学生尽快适应企业环境与岗位需求	骨干
4. 能实时检查实训实习项目教学质量及进度进展情况，建立实训实习教师教学日志与学生日志，根据学生完成现状及时做出进度调整计划	
5. 能从实训实习项目的合理性、实用性，实训实习的整体效果等方面对实训实习进行全方位的评价	

8. 教学研究

能　　力	层　级
8.1 提出教研课题、立项	
8.1.1 申报教研课题	
1. 能明确申报渠道、申报程序、申报要求	
2. 能分析自身研究水平，合理安排课题研究时间	
3. 能根据软件技术发展变化提出相关的教学研究课题	骨干
4. 能结合企业岗位变化提出相关的教学研究课题	
5. 能分析课题的实用性及创新性	
8.1.2 课题立项	
1. 能正确填写教研课题立项申请书	骨干
2. 能对课题进行筛选、分类、评审	
8.2 组织开展教研活动	
8.2.1 组织教研活动	
1. 能遵守教研活动制度及活动要求	上岗
2. 能拟定教研活动的主题	
3. 能正确实施教研活动计划	提高
4. 能对教研活动情况进行正确的反馈	
8.2.2 评价教研活动	
1. 能对教研活动的内容表述自身的见解	提高
2. 能总结所参与的教研活动，指出所参与的教研活动对自身课程教学的指导意义	骨干
3. 能及时弥补教研活动中自身存在的不足	
8.3 撰写研究报告	
8.3.1 明确目的和意义	
1. 能具体阐述研究工作的目的与意义	骨干
2. 能科学地总结自己的研究工作，反映自己的研究结果	
8.3.2 撰写研究报告	

续表

能　　力	层　级
1. 明确研究背景、目的、方法及步骤	
2. 能撰写教学研究报告	骨干
3. 能撰写调查报告	
4. 能撰写教学改革报告	

9. 教学改革

能　　力	层　级
9.1 现状调研与评价	
9.1.1 软件行业现状调研	
1. 能分析软件行业的主流技术和变化趋势	提高
2. 能分析本地区的软件信息产业格局与政策支持	骨干
9.1.2 软件企业岗位调研	
1. 能阐述软件企业的岗位架构设置与关联关系	提高
2. 能表述岗位的职责与技能要求	
3. 能分析软件企业员工的职业素养要求	骨干
9.1.3 就业情况调研	
1. 能对学生的就业率、就业范围、薪酬以及从事的岗位进行分析	骨干
9.1.4 培养方案评价	
1. 能总结专业培养方案的优缺点	骨干
2. 能调研分析兄弟院校相同专业的培养方案	
9.1.5 教学效果调研	
1. 能调查分析学生的素质与学习效果	提高
2. 能调查分析老师的能力与教学心得	骨干
3. 能评价分析教学方式的多样性与优劣	
9.2 提出教改方案	
9.2.1 认识教学改革	
1. 树立职业教育观念，大胆探索职业教学改革	骨干
2. 积极承担改革的责任和义务	

能　　　力	层　级
9.2.2 培养方案调整	
1. 能依据软件行业和岗位的调研情况，评价培养方案并提出调整意见	骨干
2. 能依据培养方案的实施效果，总结并提出培养方案的改进意见	
9.2.3 教学过程改革	
1. 能制定教学内容、教学计划的调整方案	
2. 能制定教学方式的改进或更新方案	骨干
3. 能制定教学效果的评价方案	
9.2.4 师资培训计划	
1. 能结合软件行业、岗位分析结果和培养方案变化确定师资的培训方向	
2. 能结合师资的能力分析与教学需要确定培训对象及培训内容	骨干
3. 能制订合理的培训计划，明确培训时间，选择培训单位	
9.2.5 教改评价方案	
1. 能正确理解教改的评价指标、评价方式、实施方法	骨干
2. 能制定教改评价标准	
9.3 组织实施教改方案	
9.3.1 明确教改方案	
1. 能组织学习教改方案	
2. 能理解教改方案的目标与意义	骨干
3. 能明确教改方案的具体内容	
9.3.2 执行教改	
1. 能正确执行教改方案	骨干
2. 能指导或与其他教师共同实施教改	
9.4 评价教改效果	
9.4.1 执行教改评价	
1. 能对教改的实施效果进行合理的评价	骨干
9.4.2 分析总结	
1. 能对教改方案评价结果进行归纳总结	骨干
2. 能在评价的基础上指出教改方案的不足之处并提出修改建议	

参考文献

1. 重庆市教育委员会，重庆市中等职业学校专业教师能力标准，渝教师[2007]8 号。

2. 王素军，专业课教师分层教学能力策略分析，职教论坛 2003 年第八期。

3. 李　龙，教育技术人才的专业能力结构，电化教育研究杂志，2005(7)。

4. 教育部，中等职业学校教师职业道德规范，教职成[2000]4 号。

5. 国家精品课程资源，国家精品课程评审指标(高职，2009)，2009。

6. 雍龙泉，优化设计数学模型的分析与评价，统计与决策，2008(22)。

7. 张冰，刘群，王颖，基于规则的小组软件过程仿真模型及其算法，微电子学与计算机，2008(07)。

8. 程乾生，质量评价的属性数学模型和模糊数学模型，数理统计与管理，APPLICATION OF STATISTICS AND MANAGEMENT，1997(06)。

9. 程乾生，属性集和属性综合评价系统，系统工程理论与实践，1997(09)。

10. 陈网凤，高晓蓉，高职计算机软件技术专业实训体系的改革与构建，扬州职业大学学报，2005(03)。

11. Lena Holmberg, Agneta Nilsson, Helena Holmstrom Olsson, Anna Borjesson Sandberg. Appreciative Inquiry in Software Process Improvement. Software Process Improvement and Practice，2009，14(2)．

12. KEVIN A. GARY. The Software Enterprise：Practicing Best Practices in Software Engineering Education. The International Journal of Engineering Education，2008，24(4).

13. Mahmood Niazi, Muhammad Ali Babar, Nolin Mark Katugampola. Demotivators of Software Process Improvement：An Empirical Investigation . Software Process Improvement and Practice . 2008，13：249 - 264.

第二部分 中等职业学校计算机软件专业教师培训方案

第一章 总则

一、培训必要性

1. 产业角度

(1) 政策优势

软件产业是本世纪极具发展前景的产业，是一种"无污染、微能耗、高就业"的产业，不但能大幅度提高国家整体经济运行效率，而且自身也能形成庞大规模，拉升国民经济指数。随着信息技术的发展，软件产业逐步成为衡量一个国家综合国力的标志之一。因此，发展和扶持软件产业，是一个国家提高国家竞争力的重要途径与战略制高点。

2000 年 6 月国务院颁发《鼓励软件产业和集成电路产业发展的若干政策》，在投融资政策、税收政策、产业技术政策、出口政策、收入分配政策、人才吸引与培养政策、采购政策等方面制定了一系列优惠措施，并提出了在 2010 年力争使我国软件产业研发和生产能力达到或接近国际先进水平的发展目标。通过政策引导，资金、人才等资源加大投入软件产业，推动我国软件产业的发展。

2001 年 9 月，信息产业部颁布《信息产业"十五"计划纲要》，明确了信息产业在国民经济中的地位和作用，回顾信息产业的发展情况，指出存在的问题，制定了"十五"期间的发展方向、目标和发展重点，强调以市场为导向建立我国的软件产业体系，鼓励软件国际化和出口，扩大国产软件市场份额。

2002 年 9 月国务院颁发了《振兴软件产业行动纲要（2002～2005 年）》，加大对软件产业发展的支持力度。其内容主要有：鼓励应用，内需拉动，促进软件产业发展；优先采用国产软件产品和服务；加大对软件出口的扶持力度；鼓励竞争，形成一批软件骨干企业；大力培养人才，为软件产业发展提供智力支持。

2003 年 11 月，教育部颁布《关于批准有关高等学校试办示范性软件职业技术学院的通知》，决定批准北京信息职业技术学院等 35 所高等学校为首批试办示范性软件职业技术学院，以尽快满足国家软件产业发展对高素质软件职业技术人才的迫切需求，推动高等职业教育办学体制、培养模式的改革。

2003 年 12 月，教育部、国家发改委、科学技术部、人事部、劳动社会保障部、信息产业部、海关总署、国家税务总局、国家外国专家局联合出台《关于加快软件人才培养和队伍建设的若干意见》，提出中国软件人才培养和队伍建设的总体目标，以及加快人才培养和队伍建设的主要措施。

2001 年 7 月国家计委和信息产业部下达了《国家软件产业基地管理办法》，规范国家软件产业基地的建设和管理，对软件产业基地进行认定、审批和监督，经过认定后对其给予相应的支持。批准北京、上海、大连、济南、西安、南京、长沙、成都、杭州、广州、珠海 11 个重点软件园区作为国家级产业基地，并落实了资助和支持措施。

2004 年 4 月，科技部、发改委、商务部、信息产业部、国家标准化管理委员会联合制定《关于进一步提高我国软件企业技术创新能力的实施意见》。促进我国软件企业在操作系统、大型数据库管理系统、网络平台、开发平台、信息安全、嵌入式系统、大型应用软件系统、构件库等基础软件和共性软件领域的突破，形成一批具有自主知识产权的软件产品和系统，培养一批具有国际竞争力的软件骨干企业，形成我国自主的软件产业体系。

以上文件强调国家从政策、资金等方面重点鼓励软件企业自主创新和新技术跟踪，集中力量发展对软件产业和国民经济建设有重大影响的软件产品；面向企业和市场需求，培养有竞争力、实用型软件人才，在学历教育、职业教育、继续教育等多方面加快软件人才培养。

（2）人才架构

软件企业人才类型分布、理想架构、架构现状分别见图1、图2、图3。

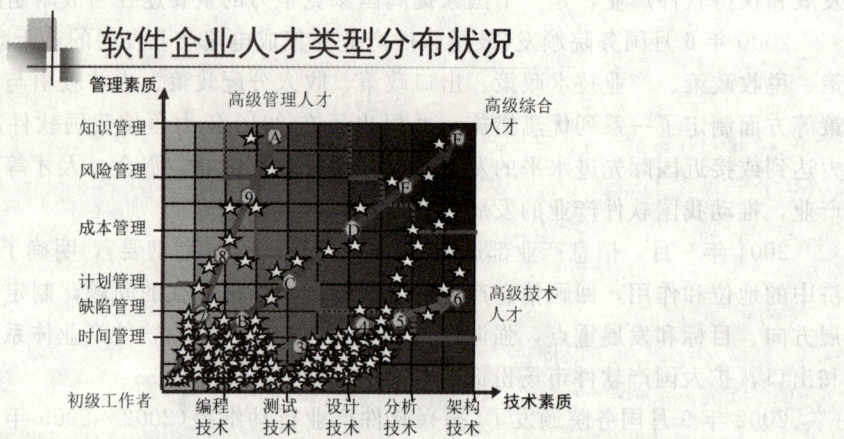

图 1　人才类型分布

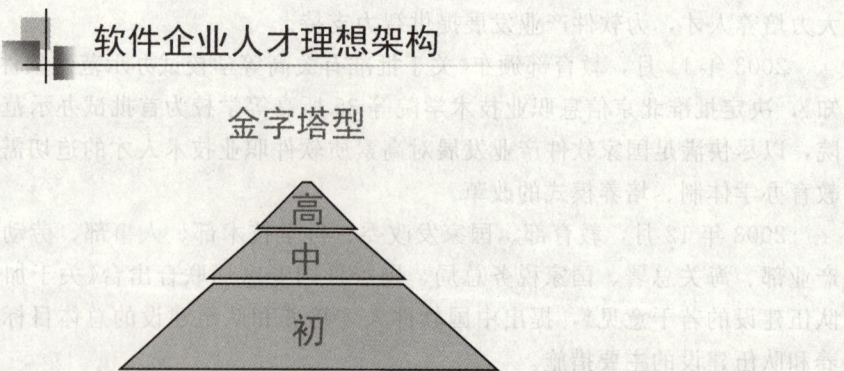

图 2　人才理想架构

软件企业人才架构现状

橄榄型

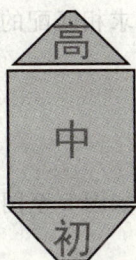

图 3　人才架构现状

初级软件人才的匮乏造成人才架构不合理，很多企业在发展初期并没有意识到它的影响力，但到了发展的中期、高峰期，这样的架构凸显基础人才的单薄，而中级人才的臃肿，造成了企业角色分工、部门设置、综合管理的困难，直接影响企业的稳定，加大了企业运营的成本，降低了企业做大、做强的力度。

（3）生产模式变化

软件的结构在编写代码之前已经由软件设计策划人员分解设计成若干的单一模块，从而可以依据工厂产品生产模式建立"软件生产线"，由零件库（构件库、可复用模块库）、生产平台（中间件）和装配线（软件生产线）三部分组成，将软件生产过程"流水作业"化。如图 4 所示。

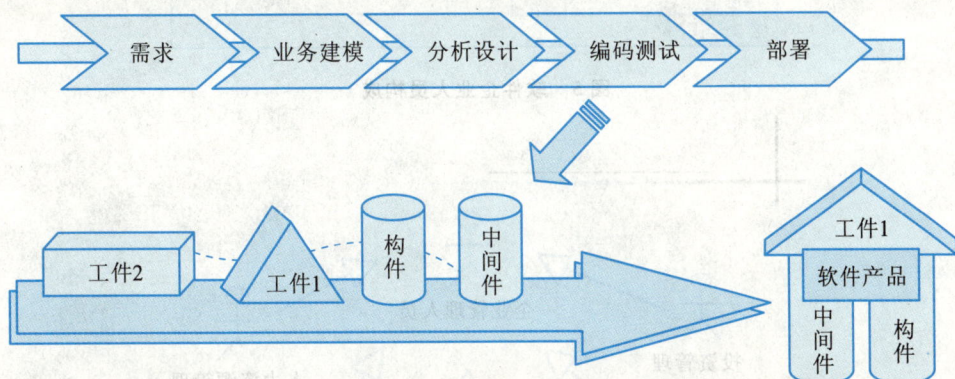

图 4　软件生产线生产模式

（4）人才储备

我国软件人才结构上只有在尽可能短的时期内完成从"橄榄型"到"金字塔型"的转变，才能在产业规模、企业实力、技术水平、市场竞争能力上与世界软件产业发展缩短差距乃至步入前列。从我国现状看，完成这一转变的关键是"金字塔"底的建设——"软件蓝领"人才的培养与储备。软件行业发展对大批实用型"软件蓝领"的需求十分迫切，但国内学历导向型的教育理念使初级软件人才培养模式与企业需求之间有着巨大的差异，而软件产业的发展离不开初级人才的支撑，如果没有足够的初级人才储备，没有符合产业发展实际需要的初级技术和管理人才，产业就不可能得到持续稳定的发展。

结论一：国家政策鼓励、促进、保证软件产业的优先快速发展，软件产业生产模式正在发生根本性变化，但软件人才结构现状不合理，与产业发展、模式变化不相适应，其重要原因是没有一个与软件产业初级人才需求相匹配的培养模式、培养规模与培养质量相对应的师资队伍。

2. 教育角度

（1）人才培养适应性

软件企业四大类从业人员岗位分布，如图 5 至图 9 所示。

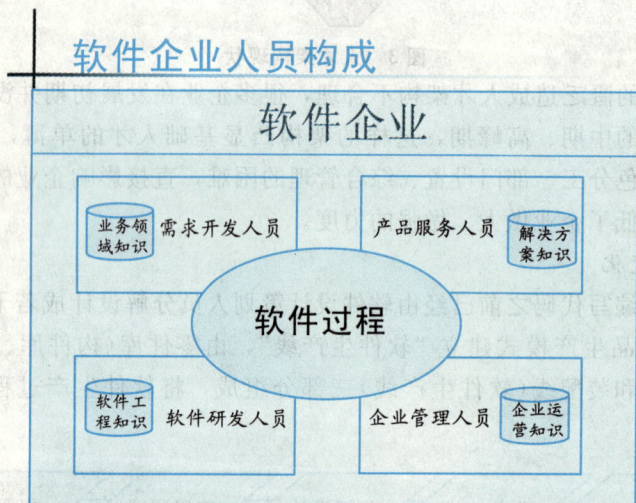

软件企业人员构成

软件企业

业务领域知识 需求开发人员　　产品服务人员 解决方案知识

软件过程

软件工程知识 软件研发人员　　企业管理人员 企业运营知识

图 5　软件企业人员构成

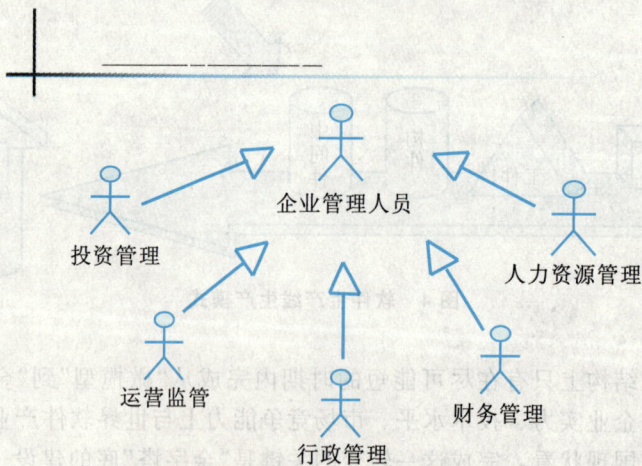

企业管理人员

投资管理　　人力资源管理

运营监管　　行政管理　　财务管理

图 6　软件企业管理人员构成

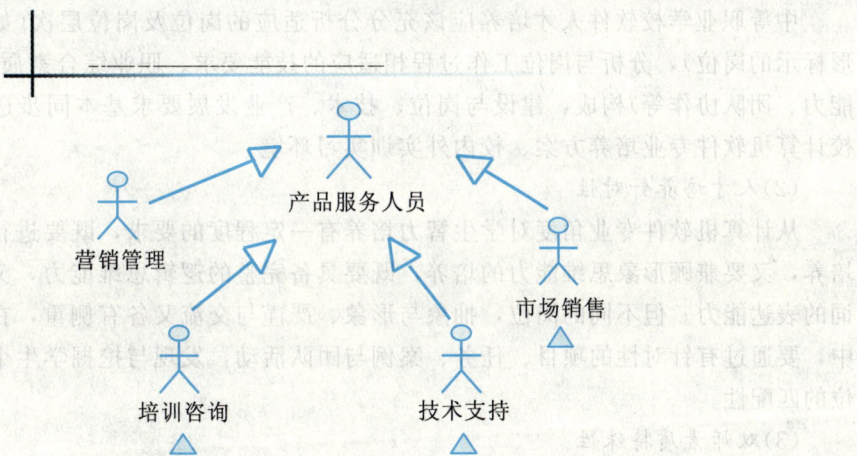

图 7　软件企业产品服务人员构成

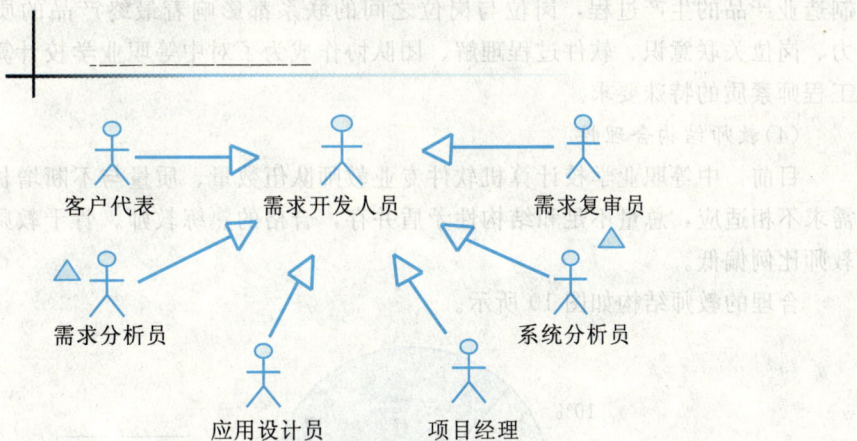

图 8　软件企业需求开发人员构成

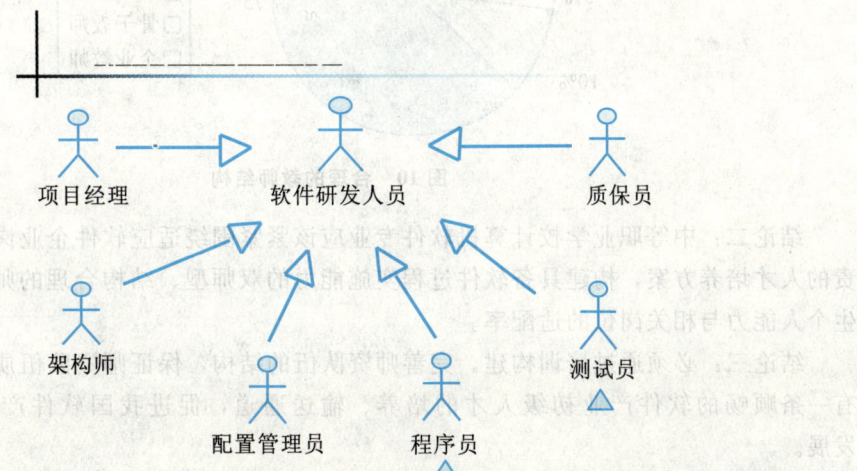

图 9　软件企业软件开发人员构成

中等职业学校软件人才培养应该充分分析适应的岗位及岗位层次(如上述图中,三角形标示的岗位),分析与岗位工作过程相适应的技能要求、职业综合素质(工作态度、沟通能力、团队协作等)构成,建设与岗位、技术、产业发展要求基本同步适应的中等职业学校计算机软件专业培养方案、校内外实训实习环境。

(2)人才培养针对性

从计算机软件专业角度对学生智力培养有一定程度的要求,既要进行抽象思维能力的培养,又要兼顾形象思维能力的培养,既要具备完整的逻辑思维能力,又要具备交流与言词的表达能力。但不同的岗位,抽象与形象、严谨与交流又各有侧重,在人才培养的过程中,要通过有针对性的项目、任务、案例与团队活动,发现与挖掘学生个人能力与相关岗位的匹配性。

(3)双师素质特殊性

软件产品或系统的生产过程从需求、分解、到技术平台选择、直至解决,区别于许多制造业产品的生产过程,岗位与岗位之间的联系都影响着最终产品的质量。岗位胜任能力、岗位关联意识、软件过程理解、团队协作成为了对中等职业学校计算机软件专业教师工程师素质的特殊要求。

(4)教师结构合理性

目前,中等职业学校计算机软件专业教师队伍数量、质量与不断增长的软件初级人才需求不相适应,总量不足和结构性矛盾并存,合格的熟练教师、骨干教师匮乏,企业兼职教师比例偏低。

合理的教师结构如图 10 所示。

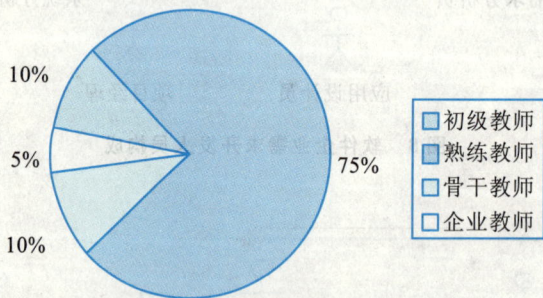

图 10 合理的教师结构

结论二:中等职业学校计算机软件专业应该紧紧围绕适应软件企业岗位需求与岗位职责的人才培养方案,构建具备软件过程实施能力的双师型、结构合理的师资队伍,提高学生个人能力与相关岗位的适配率。

结论三:必须通过培训构建、完善师资队伍的结构,保证师资队伍质量与数量,保障有一条顺畅的软件产业初级人才的培养、输送通道,促进我国软件产业的持续、稳定发展。

二、培训对象

1. 上岗培训对象

具备计算机科学与技术或软件工程本科毕业或具备同等以上学历拟进入中等职业学校从事计算机软件专业教学的人员；或已进入但未经过本方案上岗培训的教师。

2. 提高培训对象

达到了本方案上岗培训的目标能力要求，拟进一步提高专业教学能力的中等职业学校计算机软件专业教师；或具有软件企业项目实践经验，拟进行专业技能课程教学的工程师。

3. 骨干培训对象

达到了本方案提高培训的目标能力要求，拟成为计算机软件专业带头人的中等职业学校计算机软件专业教师。

三、培训目标

1. 总目标

牢固树立职业教育教学理念，全面理解软件企业岗位架构与岗位技能要求，建立基于软件过程与岗位关联的实践案例层次教学体系，实施发现与挖掘学生个人能力与相关岗位适配性的教学评价，促进中等职业学校计算机软件专业人才培养模式适应软件产业同步发展和对初级人才数量与质量的要求。

2. 上岗培训目标

使受训人员理解并树立职业教育教学理念，了解软件企业岗位架构及相关岗位的职业技能要求，具备实施计算机软件专业基础课程案例教学的基本技能，能够适应中等职业学校计算机软件专业教育教学的改革与发展，为受训人员成为双师素质型合格的中等职业学校计算机软件专业教师打下坚实的基础。

具体要求：

（1）坚持正确的政治方向，树立先进的职业教育教学理念，热爱职业教育事业，自觉贯彻党的教育方针，教书育人、为人师表、严谨治学；

（2）对教育学、心理学的原理、规律有一定的理解，了解现代教育技术原理与方法，了解中等职业教育和计算机软件专业教学理论与实践的最新成果；

（3）了解软件企业岗位架构与软件过程工作规范，熟悉一个具体岗位的技能要求与工作步骤；

（4）具备熟练的办公软件综合应用能力；

（5）具体掌握至少一种主流开发平台和开发语言，并熟悉相关的开发工具；

(6)初步掌握行动导向教学方法，能正确阅读行动导向教学项目、任务、案例文档和相关资源，理解其中的设计原理，实施行动导向教学；

(7)能规范执行教学评价，结合专业与职业教育特色评定学生学业成绩；

(8)正确理解中等职业学校计算机软件专业的人才培养目标和培养方案，正确执行教学计划；

(9)应有中等职业技术学校教师资格证。

3. 提高培训目标

使受训人员在符合上岗培训目标要求的基础上，强化职业教育教学理念及教学能力，理解软件企业岗位架构、岗位职责及相关岗位的关联关系，具备软件模块分解与行动导向教学设计能力，能够设计与岗位能力相适应的课程评价方案，具备实施校内实训教学的能力，成为合格的双师素质型中等职业学校计算机软件专业教师。

具体要求：

(1)熟悉本地区的软件行业现状、信息化应用情况以及与省软件行业现状的差异；

(2)能阐述软件企业岗位架构、岗位技能层次要求和岗位间的关联关系；

(3)掌握软件企业某个岗位的工作任务，实施流程和相关经验；

(4)能计划、实施基于行动导向的项目、任务、案例教学法；

(5)能将一个模块分解为若干与知识点相关联的行动导向教学用例；

(6)熟悉软件工程实施过程和规范，具备熟练使用一种主流技术独立进行项目模块设计、代码编写并调试的能力；

(7)能依照校内实训项目规划要求实施校内实训教学；

(8)掌握教学效果评价方法，设计课程教学评价方案；

(9)能结合岗位技能需求对专业培养方案进行评价或提出改进意见；

(10)应有程序员[计算机技术与软件专业技术资格(水平)考试]证书。

4. 骨干培训目标

使受训人员在符合提高培训目标要求的基础上，具备职业教育教学理念与教学方法改革与研究能力，能够把握软件企业岗位架构及相关岗位随技术发展的变化，具备项目分解与教学案例系统设计能力，具备设计与岗位技能相适应的中等职业学校计算机软件专业培养方案的能力，具备较为完善的双师型素质，能够设计、规划、实施校内外实训方案，能够指导、组织、开展专业教学改革与研究，在该专业的教育教学改革中起示范作用。

具体要求：

(1)掌握软件产业技术与应用的最新发展动态，理解企业岗位架构变化，了解相关技术领域的知识体系和思想方法，具有扎实的软件工程专业知识与实施技能，能够正确判断软件行业和技术的发展趋势；

(2)对教育学、心理学、教学设计的原理、规律有较为深入的理解，具备设计、调整中等职业学校计算机软件专业培养方案的能力；

(3)基本掌握完整的软件项目实施流程，能够完成小型项目的开发和管理；

（4）能对中小型项目进行逆向分析，并将之分解为系统性的行动导向教学体系的能力；

（5）有较高的计算机软件专业应用型教学研究与实践技能水平，能形成专业化、系统化与个性化相结合的教学风格，具备较为完善的双师型素质；

（6）具备教学改革的前瞻性、自觉性和责任感，在该专业的教育教学改革中起示范作用，能独立主持中等职业计算机软件专业教育教学的研究，具有新课程开发的能力；

（7）具备与软件企业沟通的能力，能够选择适当的软件项目，构建、规划、实施校内外实训方案；

（8）具备一定的组织管理能力与团队意识，能够指导本专业其他教师的教学和技术，组织教师交流和技术研发等活动；

（9）能够识别学生的技能水平与个体能力，据此给出就业指导方案和就业岗位建议；

（10）应有软件设计师、数据库系统工程师或软件评测员证书［计算机技术与软件专业技术资格（水平）考试］。

四、方案设计依据

1. 国务院关于大力推进职业教育改革与发展的决定［国发（2002）16 号］；

2. 教育部、财政部关于实施中等职业学校教师素质提高计划的意见［教职成（2006）13 号］；

3. 基于岗位能力分析与岗位工作过程的职业教育教学理念；

4. 中等职业学校计算机软件专业教师专业教学能力标准；

5. 软件产业发展现状分析；

6. 软件企业人才岗位架构与岗位能力分析；

7. 软件产业技术发展现状分析；

8. 计算机技术与软件专业技术资格（水平）考试暂行规定、计算机技术与软件专业技术资格（水平）考试实施办法［国人部发（2003）38 号］。

五、培训时段安排

为减少对正常教学的影响，建议在每年的暑期进行，时长五周，具体安排可见表1。

表 1

培训时间	培训方案			
	阶段	时间	地点	说明
五周	1	18 天	培训基地	每天 7 学时，共 126 学时
	2	10 天	实习企业	按企业上班时间工作、学习

第二章　培训环境

一、硬件环境

1. 网络拓扑图(见图1)

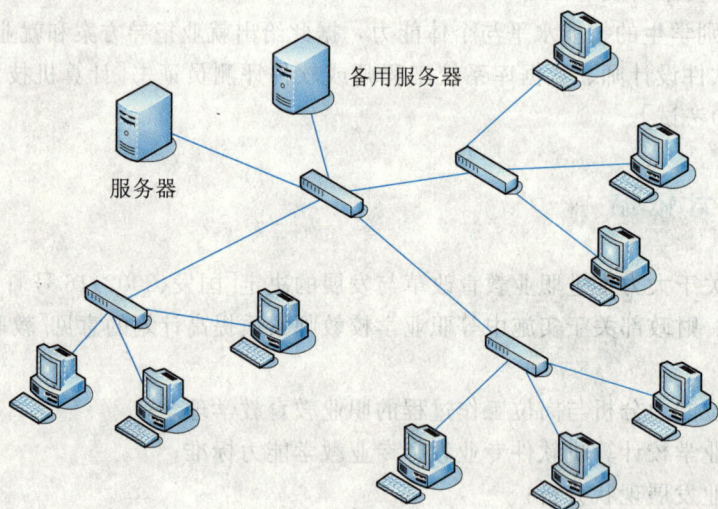

图1　培训环境网络拓扑图

2. 培训机房布局要求如下

(1)每个培训机房配备30个工位,一个讲台、一部投影仪、一套扩音设备和一块白板;

(2)每个标准工位的长度为1.4 m,宽度为1.4 m,相邻两行工位之间的过道宽度不小于1 m;

(3)工位设计应便于一组学员进行讨论;

(4)每30个学员配备一间简易讨论室;

(5)设计时还应考虑有关防火疏散等安全问题。

3. 硬件设备配置标准

(1)设备清单

以30个标准学生工位和2个教师工位为例,见表1。

表1　培训机房设备清单

设备类别	说明	数目
台式 PC	PC	30
笔记本	教师用	2
服务器	培训管理平台服务器、源码管理服务器	1
	备份服务器（可选）	1
交换设备	24 口交换机（100Mb/s）	2
综合布线	超五类双绞线及标准配线架设备	若干
投影机	普通教学设备	1

（2）设备配置标准明细（表2）

表2　培训机房设备配置标准明细

设备类别	最低配置要求	说明
台式 PC	Intel 奔腾双核 E2180 2.0GHz，DDR2 667 1GB 内存，集成显卡、声卡和网卡，17 寸液晶显示器，160 GB 以上硬盘，其他均为标准设备	最低配置要求系统内存为 1 GB，推荐达到 2GB 内存
笔记本	Intel 酷睿 2 双核 T5750 2.0GHz，DDR2 2GB 内存，250 GB 硬盘，其他均为标准设备	
培训管理平台服务器、源码管理服务器	CPU Intel Pentium 4 4CPU 3GHz，2GMB ECC DDR，250GB 以上硬盘，支持 Windows 2003 Server	推荐 4 GB 内存
备份服务器	普通服务器即可	
交换机（24 口）	100 Mb/s（或以上）快速以太网交换机	速度达到 100 Mb/s 快速交换机标准

二、软件环境

根据两个方向分别列出所需软件详见表3。

表3　培训环境软件配置

培训方向	类别	产品名称及版本
.NET 方向软件环境	操作系统	Microsoft Windows Server 2003
		Microsoft Windows XP Professional SP3
	开发平台	Microsoft SQL Server 2005
		Microsoft Visual Studio .NET 2005
		Microsoft .NET Framework2.0
	管理工具	Microsoft Office Project Professional 2003
		Microsoft Visual SourceSafe 2005

续表

培训方向	类别	产品名称及版本
.NET 方向软件环境	文档处理工具	Microsoft Office Visio Professional 2003
		Microsoft Office Word Professional 2003
		Microsoft Office PowerPoint Professional 2003
		Microsoft Office Excel Professional 2003
JAVA 方向软件环境要求	操作系统	Microsoft Windows XP Professional SP3
		Linux
	开发平台	Oracle 10i
		JDK1.6
		Tomcat 6.0
		MyEclipse6.0.1
		Eclipse 3.3
	管理工具	Microsoft Office Project Professional 2003
		CVS
	文档处理工具	Rational Rose Enterprise Edition
		Microsoft Office Word Professional 2003
		Microsoft Office PowerPoint Professional 2003
		Microsoft Office Excel Professional 2003

三、实训实习环境

确保至少签约两个以上软件企业实训基地，受训学员分 Java 和 .NET 方向在企业实训实习，每个方向至少提供 2 个企业在研项目用例。实训实习以软件企业在研项目需求为导向，达到项目设计要求为培训标准，具有针对性和实用性。通过分 Java 和 .NET 两个方向的项目实战，为学员提供真实的企业环境，体验软件企业的开发管理流程，学习软件行业的主流技术，奠定良好扎实的职业基础和可持续发展的职业能力。同时也为指导教师提供可以充分自由发挥的空间，鼓励每位指导教师都能够在自己工作范围内不断创新，不断从项目、市场拓展、内部管理等方面进行改进和提升。

四、教员构成

本培训方案需要的教员构成见表 4。

表 4　培训教员构成

师资分类	上岗培训	提高培训	骨干培训
职业教育特色与实践	3	1	2
师资技能	2	3	2
专业教学法	1	1	2
校内外实训	0	2	2
企业实习指导	1	2	2
合计	7	9	10

第三章　培训实施计划

一、培训实施总则

本培训方案围绕中等职业学校计算机软件专业教师能力标准展开，以提高受训教师的专业实践能力和教学能力为目的。培训采用层次式教材，依上岗、提高、骨干三个层次在能力标准上的不同要求，每个层次的培训细分为教学法与实践、专业技能提升、企业实践体验三个模块。培训单位应充分考虑中等职业学校教师培训的特点，培训实施过程应充分考虑受训教师的实际实践能力水平与教学水平，对课程设置与培训进程进行适当、合理的调整，以达到培训效果最优化。

专业教学法教材与专业核心教材仅作为培训的参考教材，培训单位可依照实际情况选用或部分选用，也可以依据参训教师的实际水平情况选择可替代的教材来实施培训。专业教学法的教材采用本专业教学中的相关示例说明教学法的应用，在培训过程中应该把握专业针对性原则和可持续发展的原则，结合专业示例以直观的方式演绎教学法在专业教学上的应用，教材所给出的教学方法，不是限制教师，而是要起到抛砖引玉的作用，引导专业教师根据变化了的技术、平台、岗位需求，不断推陈出新，使教学方法与时俱进。

专业核心教材内容的顺序、实例与实训的安排，应围绕专业教师不同层次要求的软件开发能力、实践能力提升为目标展开。教材整体上以若干个综合项目实例贯穿整个教学过程，各子章节是实践技能模块的集成，既可整体使用，也可根据受训教师能力水平模块化选择使用。培训过程中应该充分体现计算机软件专业实践特性，以编码或软件生产过程岗位能力需求为基础，以案例、任务、项目实践形式串接理论与技术。

培训课程的教学实施过程应结合多种教学方法与教学手段，注重教学过程对参训教师自身教学方式的启发与影响，引导教师按职业教育的理念进行实践与教学，应通过构建平等、友好、互助式的培训环境，充分调动参训教师的主观能动性，提倡亲身参与、问题解决式学习，鼓励教师参与交流、合作与项目实践，通过实践、交流、点评、试讲、项目阶段性评审等过程帮助受训教师把所学习的知识与技能转化为实践能力与教学行为。

各培训内容与教学能力标准中能力的联系可参考培训方案体系框架。

二、课程设置与进程

1. 上岗培训

(1) 职业教育教学法与实践（表1）

表1 上岗培训的职业教育教学法与实践安排

序号	内容	授课方式	学时	主要参考教材
1	职业教育学讲座	讲授	7	
2	专业教师教学能力标准学习	讲授与交流	7	《计算机软件专业教师教学能力标准》
3	专业培养方案与课程设置学习	讲授与交流	7	《计算机软件专业教学法》
4	专业教学法： ①专业课程结构与知识体系 ②专业技能标准要求描述 ③专业教学环境分析 ④演示教学法专业教学应用 ⑤黑箱教学法专业教学应用 ⑥四阶段教学法专业教学应用 ⑦案例教学法专业教学应用 ⑧任务驱动教学法专业教学应用	讲授、听课、分组交流、试讲、点评	34	《计算机软件专业教学法》
5	软件企业岗位架构分析	讲授	4	
合计			59	

（2）专业技能（表2）

表2 上岗培训的专业技能教学安排

序号	内容	授课方式	学时	主要参考教材
1	开发平台部署	讲授、实践、试讲、点评	4	
2	界面设计与实现	讲授、实践、分组交流、演示、评审	14	
3	数据库设计与实现	讲授、实践、分组交流、演示、评审	10	
4	功能模块详细设计	讲授、实践、分组交流、演示、评审	14	《编码与测试》
5	功能模块编码实现	讲授、实践、分组交流、演示、评审	14	
6	功能测试	讲授、实践、试讲、点评	7	
7	单元测试	讲授、实践、试讲、点评	4	
合计			67	

（3）企业实践体验（表3）

表3　上岗培训的企业实践体验安排

序号	内容	授课方式	学时/天
1	用例需求捕获	企业实习	2
2	编码体验	企业实习	3
3	系统测试	企业实习	1
4	项目文档编写	企业实习	2
5	系统实施、用户培训	企业实习	2
合计			10

2. 提高培训

（1）职业教育教学法与实践（表4）

表4　提高培训的职业教育教学法与实践安排

序号	内容	授课方式	学时	主要参考教材
1	中等职业学校教学方法研究讲座	讲授	4	
2	专业教学评价方法与实践	讲授、听课、分组交流、试讲、点评	7	
3	校内实训教学法应用： ①任务驱动教学法 ②探究学习教学法 ③项目教学法	讲授、听课、分组交流、试讲、点评	28	《计算机软件专业教学法》
4	中等职业学校计算机软件专业课程开发初步	讲授与交流	12	
5	软件企业岗位层次分析与职责技能分析	讲授	7	
合计			58	

（2）专业技能（表5）

表5　提高培训的专业技能安排

序号	内容	授课方式	学时	主要参考教材
1	Web开发技术基础 （html、XML、CSS+div、）	讲授、实践、试讲、点评	4	《基于．NET开发的典型案例设计与实现》
2	系统开发框架的设计	讲授、实践、分组交流、演示、评审	4	
3	Web系统内置对象应用	讲授、实践、试讲、点评	4	
4	Web系统开发的异常处理	讲授、实践、分组交流、演示、评审	4	

续表

序号	内容	授课方式	学时	主要参考教材
5	统一风格 Web 页面设计	讲授、实践、分组交流、演示、评审	8	
6	数据库开发技术	讲授、实践、分组交流、演示、评审	12	
7	Web Service 技术	讲授、实践、分组交流、演示、评审	6	
8	Web 缓存技术应用	讲授、实践、试讲、点评	4	《基于 . NET 开发的典型案例设计与实现》
9	Javascript、AJAX 技术	讲授、实验、分组交流	6	
10	Web 报表技术	讲授、实践、试讲、点评	4	
11	Web 安全处理技术	讲授、实践、试讲、点评	2	
12	桌面程序开发	讲授、实践、试讲、点评	10	
合计			68	

（3）企业实践体验（表6）

表6　提高培训的企业实践安排

序号	内容	授课方式	学时/天
1	Windows 程序设计	企业实习	2
2	Web 程序开发	企业实习	2
3	数据库程序设计（不同数据库平台实现）	企业实习	3
4	基于 Web Service 的程序设计	企业实习	3
合计			10

3. 骨干培训

（1）职业教育教学法与实践（表7）

表7　骨干培训的职业教育教学法与实践安排

序号	内容	授课方式	学时	主要参考教材
1	现代职业教育理论与实践研究	讲授	4	
2	计算机软件专业课程开发系统研究	讲授	4	
3	专业教学法： ①专业培养方案设计 ②校内外实训实习环境分析 ③实训方案设计与规划	讲授、实验、点评	24	《计算机软件专业教学法》
4	地域职业学校教研活动规划与实施方法	讲授、听课、点评	4	
5	职业教育教学法现场教学	听课、评课、试讲	6	
合计			42	

（2）专业技能（表 8）

表 8　骨干培训的专业技能安排

序号	内容	授课方式	学时	主要参考教材
1	软件过程模式与能力成熟度模型	讲授、分组交流	4	
2	项目立项过程	讲授、实践、分组交流、演示、评审	7	
3	项目开发、测试计划的配置与管理	讲授、实践、分组交流、演示、评审	7	
4	需求的定义、评审、分析以及变更控制	讲授、实践、分组交流、演示、评审	12	
5	系统的概念设计、逻辑设计与物理设计	讲授、实践、分组交流、演示、评审	12	
6	CSS 编码规范、C♯编码规范、数据库编码规范	讲授、实践、分组交流、演示、评审	7	《应用系统项目实践》
7	设计与编码的审查	讲授、实践、分组交流、演示、评审	7	
8	单元测试的范围管理、过程管理、质量度量体系	讲授、实践、分组交流、演示、评审	11	
9	稳定阶段管理	讲授、实践、分组交流、演示、评审	7	
10	项目部署准备、试运行以及验收	讲授、实践、分组交流、演示、评审	7	
11	软件项目文档标准模板	讲授、分组交流	3	
合计			84	

（3）企业实践体验（表 9）

表 9　骨干培训的企业实践体验安排

序号	内容	授课方式	学时/天
1	需求分析与系统设计	企业实习	2
2	软件测试思维与方法	企业实习	2
3	软件项目管理	企业实习	2
4	软件质量管理	企业实习	2
5	企业调研	企业实习	2
合计			10

三、培训考核

1. 专业教学能力及职业教育研究考核

（1）上岗培训

考核内容1：

制订一门专业基础课程的教学计划，撰写其中三学时教案，并试讲一学时，见表10。

评价标准1：

表10　上岗培训的评价标准

评价内容	分数
教学计划规范、学时安排合理，内容符合应用需求，注重技能与知识的串接，信息量适中	10
备课认真，内容熟悉，能脱离教案稿且教学流畅自如	10
技能熟练，重点突出，难点分散，逻辑性强	10
教学法使用合理，用例选择容易理解且操作性强，能及时处理学生练习中出现的问题	30
教法灵活，启发诱导、教学互动，能驾驭课堂情绪，课堂气氛活跃	10
语言规范、准确，教态端庄	10
板书、屏幕与课件设计简明、工整、醒目，布局合理，突出重点	10
教学环节完整，重视讲练结合，时间分配合理	10

考核内容2：

教育学。

评价标准2：

获得中等职业技术学校教师资格证书。

（2）提高培训

考核内容1：

设计一门专业技能课的行动导向教学方案并给出课程成绩评价方案，见表11、表12。

评价标准1：

表11　提高培训的评价标准1

评价内容	分数
项目或任务或案例内容选择适当，符合应用需求，能反映技能要求	20
内容分解逻辑清晰，技能与知识串接连贯	15
项目或任务或案例代表性高、易理解、可操作性强	15
课堂教学、练习操作、考核内容并行度高，学生通过三者的结合，可以初步达到岗位技能要求	30
课程成绩评价方案技能描述准确、水平定义合理，评价结果符合正态分布	20

考核内容 2：

两学时的实训公开课。

评价标准 2：

表 12　提高培训的评价标准 2

评价内容	分数
能正确理解实训方案的设计意图，需求表述清晰，学生理解正确	20
能有效引导学生的团队协作活动，适时调控实训进度目标	20
课前能凭个人技术能力正确完整完成实训内容模块的设计	20
课堂活跃，学生思路多样，点评准确	20
时间把握合理，80％的团队在规定时间内能完成既定的实训内容	20

考核内容 3：

参加计算机技术与软件专业技术资格（水平）程序员考试，具体考试内容见相关水平考试文件。

评价标准 3：

获得程序员证书。

（3）骨干培训

考核内容 1：

设计一份校内实训项目规划方案，并进行讲解，见表 13。

评价标准 1：

表 13　骨干培训的评价标准

评价内容	分数
方案系统性强，全面考虑硬件、软件与网络环境，兼顾学生、教师水平	30
方案项目选择分布合理，有效调度、利用设备与人力资源，可操作性强	30
项目的技术平台选择符合软件产业的发展方向	20
方案的针对性强，能有效调动学生的实训积极性	20

考核内容 2：

撰写一篇职业教育研究论文。

评价标准 2：

论文不少于 3000 字，内容充实，有独到的见解，具有一定的教学理论指导意义。

考核内容 3：

参加计算机技术与软件专业技术资格（水平）软件评测员或软件设计师考试，具体考试内容见相关水平考试文件。

评价标准3：

获得软件设计师、数据库系统工程师或软件评测员证书。

2. 企业实训考核

因为企业实训围绕项目展开，学员以团队的形式参加企业的项目研发，所以评价由组员互评、组长评价、总结与企业指导工程师评价三个部分组成。

（1）组员互评（表14）

表14　组员互评表

项目组员互评表									
组员姓名			组长姓名						
本组项目名称									
本人负责内容描述									
		组员1	组员2	组员3	组员4	组员5	组员6	组员7	组员8
评价点	分数								
亲和度	10								
对你的影响力	10								
学识与言辞表达能力	10								
沟通与合作顺畅度	10								
责任感	10								
工作主动性	10								
工作质量与效率	10								
学习能力	10								
进度规划与把握度	10								
技术能力	10								
合计	100								
调研与协作对象评价									
		对象1	对象2	对象3	对象4	对象5	对象6	对象7	对象8
评价点	分数								
亲和度	10								
条理性与概括力	10								
言辞表达能力	10								
理解力	10								

续表

责任感	10							
主动性	10							
工作质量与效率	10							
学习能力	10							
延伸与拓展力	10							
判断力	10							
合计	100							
备注:								

（2）组长评价（表15）

表15 组长评价表

项目组长对组员评价表									
组长姓名									
项目名称									
		组员1	组员2	组员3	组员4	组员5	组员6	组员7	组员8
评价点	分数								
与团队的相融度	10								
在团队中的重要性	10								
学识与言辞表达能力	10								
沟通与合作能力	10								
责任感与信赖度	10								
工作主动性	10								
工作质量与效率	10								
技术能力	10								
进度把握度	10								
纪律	10								
合计	100								
备注									

（3）总结与企业指导工程师评价（表16）

表16　企业实训评价表

年　　月　　日

姓名			性别		电话		学校		
实训企业单位情况	名　　称					电话			
	地　　址						邮编		
	指导工程师			电话					
	时　　间			年　月　日至　年　月　日					
	项目或岗位名称								

自我总结：（项目组、成员、应用专业知识、完成任务情况以及心得等）

	内容	自评	指导工程师评	指导工程师对实训学员综合能力评语：
成绩评定情况	工作态度			
	学习能力			
	应用能力			
	沟通能力			
	组织能力			
	自治能力			
	创新能力			
	出勤情况			
	团队协作			
	完成情况			签名：
	综合得分			实训企业总评

参考文献

1. 黄奇，印度的软件产业及其对软件教育的影响，中国职业技术教育，2003(24)。

2. 康庄，世界发达国家软件产业发展概况，科技与经济，2001(14)。

3. 杜永美，美国软件人才培养基本经验，合作经济与科技，2007 (22)。

4. 潘晨光，娄伟，国外培养 IT 人才的主要路径，国际人才交流，2005 (5)。

5. 王素军，专业课教师分层教学能力策略分析，职教论坛，2003(8)。

6. 李　龙，教育技术人才的专业能力结构，电化教育研究杂志，2005(7)。

7. 教育部，中等职业学校教师职业道德规范，教职成(2000)4 号。

8. 国家精品课程资源，国家精品课程评审指标(高职，2009)，2009。

9. 陈网凤，高晓蓉，高职计算机软件技术专业实训体系的改革与构建，扬州职业大学学报，2005(03)。

10. Lena Holmberg，Agneta Nilsson，Helena Holmstrom Olsson，Anna Borjesson Sandberg. Appreciative Inquiry in Software Process Improvement. Software Process Improvement and Practice，2009，14(2).

11. KEVIN A. GARY. The Software Enterprise：Practicing Best Practices in Software Engineering Education. The International Journal of Engineering Education，2008，24(4).

12. Mahmood Niazi，Muhammad Ali Babar，Nolin Mark Katugampola. Demotivators of Software Process Improvement：An Empirical Investigation . Software Process Improvement and Practice . 2008，13：249 - 264.

13. 重庆市教育委员会，重庆市中等职业学校专业教师能力标准，渝教师[2007]8 号。

第三部分　中等职业学校计算机软件专业教师培训质量评价指标体系

引言

改革开放以来，我国中等职业学校计算机软件专业教师队伍建设取得了很大成效，教师队伍的数量逐步扩大，人员结构得到改善，整体素质不断提高，初步形成了一支热爱职教事业、有职教特色的中等职业学校计算机软件专业教师队伍，基本保障了我国中等职业学校计算机软件专业发展的需要。但是，在我国计算机软件行业发展日新月异、高速发展的背景下，在职业教育面临改革与发展新的形势下，中等职业学校计算机软件专业职业教育教师队伍也存在一些亟待解决的问题，主要表现在，教师队伍总体素质有待进一步提高，中等职业学校教师尤其是专业课教师学历达标率偏低、实践教学能力不强；教师队伍结构不够合理，专业课和实习指导教师特别是具有"双师"素质的教师比例偏低；职教师资培养培训体系不够健全，在职教师继续教育制度有待进一步完善；职业学校人事制度和教师管理机制改革进展缓慢等。这些问题制约了我国中等职业学校计算机软件专业师资建设的发展和质量的提高。

从各职教师资培训基地的反馈来看，近年来，各地"中等职业学校教师素质提高计划"专业骨干教师国家级培训取得了一定的成绩；但也存在着许多的问题，主要表现在：由于许多职教培训基地是普通高校，职教师资培训工作尚属起步阶段，对中等职业学校教师资培训缺乏经验，没有成熟的模式；双师型教师的培养方式及培养方案有待完善；行业、企业参与职教师资培训的力度不够等。这些问题的存在严重阻碍了中等职业学校专业教师培训质量的提高。在找到问题解决方案的前提下，我们首先要回答的问题是中等职业学校计算机软件专业教师培训质量需达到一个什么标准，才说明我们的培训实现了预期目标，实现"中等职业学校教师素质提高计划"的要求，以进一步加快中等职业学校计算机软件专业师资队伍建设改革的步伐。

一、研究方法

1. 调查法

调查对象为参加培训的计算机软件专业教师及其所在单位的部分教师、培训基地的管理者、负责人，听取他们的意见，集思广益，并多次召开各种座谈会、研讨会，使评价体系、指标权重及评价标准的设计更加符合实际。

2. 文献法

目前，关于教师培训评价体系方面的文献很少，我们学习参考了国内外有关教师培训评价方面的专著、论文，为制定指标体系寻找科学依据。

二、理论依据

1. 关于中等职业学校专业教师培训质量评价

教师培训评价属于教育评价的范畴，是对教师培训满足社会与个体需要的程度作出判断的活动。确切说来，教师培训评价是在系统收集资料的基础上，依据培训目标对培训过程及其结果进行价值判断的教育活动。

中等职业学校专业教师培训质量评价是对每次专业教师培训项目的培训质量进行的评价。它不单纯是对培训机构、培训内容或培训教师的评价，是一个以培训质量为中心的综合性评价。

2. 关于评价指标体系

一个完整的评价指标体系包括四个要素：评价指标、评价标准、指标权重和量表。

从评价学的观点来看，评价指标是有具体的、可测量的、行为化的评价准则，是根据可测或可观察的要求而确定的评价内容。评价指标是评价对象本质属性与特征的具体反映，是对评价的各个维度的界定。

评价标准是对被评对象各个评价维度的定性或定量的要求，是被评事物属性的质的分界点，或事物质变过程中量的规定性，是衡量评价客体价值的准则。与每个评价指标相应的评价标准的集合，构成评价主题对评价客体的要求。

指标权重是各个评价指标在评价指标体系中相对重要的一种尺度，揭示了与其相对应的因素，对指标体系影响上的差异，权重具有较强的导向功能。确定权重时，要注意整体性（各指标在系统中的价值，对系统的贡献）、客观性（指标在系统中的实际地位）和可变性。

量表是对客体进行评价的尺度，是测量与评价据以进行的标准物。一个量表一般由多项测量（评价）内容综合而成。每一项内容针对测量（评价）对象的某一特征，并将其划分不同的等级程度，通过统计方法得出一系列有关测量（评价）对象特征的数量化信息。

教师培训质量的评价指标体系产生于对教师培训的功能及本质属性的分析基础上，通过这些指标的评定来反映培训质量的高低。

三、培训基地质量评价指标体系的建立

1. 设计原则

（1）科学性原则

注重同一指标体系内各指标的相容性和各指标体系的相对独立性。

（2）可测性原则

尽量使用行为化、操作化的语言，保证能够直接测量和评定。

（3）完备性原则

能够全面反映教师培训工作质量的要求。

（4）可行性原则

指标设计的信息易于获取，指标体系简单明了。

2. 层级设计

基于目前中等职业学校教师培训工作中存在的问题，结合国内外先进的培训工作经验及教育评价的理论知识，从专业教师的教学能力标准出发，通过对计算机软件专业教师培训工作质量指标体系进行目标分解、归类合并，围绕专业教师的培训方案、培训条件、培训管理和培训效果，形成了计算机软件专业教师培训质量评价二级指标体系。

（1）专业教师的教学能力标准

①岗位理解与分析能力

计算机软件专业教师对行业、企业、技术、岗位的认识力及所应具备的实践工作技术与认知能力。具体表现在，他们能够深入理解软件企业及软件信息化应用的工作体系、工作流程、工作环节及岗位设置、岗位职责以及岗位技能要求，建构中等职业学校人才培养与岗位技能、岗位知识结构的对应关系；能够掌握必需的软件工程方法与岗位技能，对软件生产与设计研发流程有一定实践体验，了解技术发展，具备学习、实践新技术的能力。

②行动导向授课能力

计算机软件专业教师在职业性原则指导下，实施基于专业特征的行动导向教学的授课能力。具体表现在，他们能够清晰理解计算机软件专业培养方案课程设置与软件生产过程的对应关系；能够在专业课程教学中，细化岗位工作任务为种种情境与案例，通过案例串接、构建专业课程知识与技能体系；具备引导、激发学生在情境中行动、学习、完成案例任务的能力。

③实训实习指导能力

计算机软件专业教师根据软件生产过程与岗位技能要求，指导学生校内外岗位实训、实习，帮助学生向企业职员转化的能力。具体表现在，他们能够在校内实训中，对企业项目按岗位、技能层次进行分解、整合，根据学生的个性能力，帮助学生配置合适的团队，组织学生按工作过程，以团队方式完成项目的开发，初步建立积极的工作态度；在校外实训、实习中，能够与企业实训、实习指导工程师进行技术沟通，辅助企业引导学生适应企业环境、转化角色。

④专业教学评价能力

计算机软件专业教师按专业培养方案的目标要求，对专业教学进行评价的能力。具体表现在，他们能够从软件生产过程及相关岗位对知识、技能、团队协作、工作态度的需求角度，通过学生提交的系列案例作品、设计及其在团队活动过程中的表现，正确评价学生的技能水平、交流能力、分析能力、个性特征及专业综合素质；具备对教学方案、教学案例的合理性和教学实施过程的有效性进行评价的能力。

（2）计算机软件专业教师培训工作质量的二级指标

①评价指标的内涵、标准及解释

培训方案。培训方案是实施培训工作的纲领性文件，是培训质量的基础性工作。培训方案指标主要包括培训需求调研、与制定的专业教师能力标准和培训方案的联系、培训目标定位准确性、培训模式和方法的先进性和实用性、培训内容与培训目标的吻合度、考核内容与方法的科学性等，是体现培训质量的主要内容。

培训条件。培训条件是实施培训方案的人力和物力保障。培训条件指标包括培训师资素质与构成、校内教学设施和实习实训条件、生活保障及服务设施、校外实习实训企业的合作与共享等，是完成培训任务的保障条件。

培训管理。培训管理是落实培训方案的制度保障。培训管理指标包括管理队伍专业化程度、培训管理制度与落实、培训方案执行情况、培训质量监控、培训工作计划与总结、培训档案管理、培训反馈制度等，是反映培训项目管理质量的内容。

培训效果。培训效果是培训质量的最终表现。培训效果指标包括培训目标的达成度、考核成绩合格率与分布情况、反映学员综合职业能力的作业或作品情况、培训学员取证率、企业评价、学员自我评价、培训管理评价、学员满意度、选送单位满意度、培训创新等，是反映培训效果的指标。

②培训工作质量的二级指标见图1

3. 权重设计

专业教师培训工作质量评价指标体系一级和二级指标权重的确定，第一轮采用专家会议法，由5位专家进行初步的商定；第二、第三轮，采用特尔菲法，以匿名的方式，分发题表（指标体系和权重），按"很重要、重要、一般、不重要"四个等级进行指定，分值依次为4分、3分、2分、1分，向专家征询意见，然后汇总得出结论。

经过反复的比较研究、修改，根据不同指标的不同价值，合理分配权重和分值。由四个一级指标、二十七个二级指标及其相应的权重和分值所组成计算机软件专业培训质量评价指标体系如附表所示。

4. 量表设计

专业教师培训工作质量评价指标体系中每个指标的评价等级按照优劣顺序分A、B、C、D四个级别，有些质量指标可以给出最佳状态描述，但难以对其内涵作出更进一步的等级界定，评价标准只列出A、C两个等级的标准，介于A、C之间的为B级，低于C级的为D等级，评价等级A为5分，B为4分，C为3分，D为2分。

```
                                    ┌── 培训需求调研
                                    ├── 与专业教师能力标准的关系
                                    ├── 培训目标定位准确性
                          培训方案 ──┼── 培训模式和方法的先进性和实用性
                                    ├── 培训内容与培训目标的吻合度
                                    └── 考核内容与方法的科学性

                                    ┌── 师资素质与构成
                                    ├── 校内教学设施和实习实训条件
                          培训条件 ──┼── 生活保障及服务设施
                                    └── 校外实习实训企业

                                    ┌── 管理队伍专业化程度
                                    ├── 培训管理制度与落实
   培训                             ├── 培训方案执行情况
   质量                   培训管理 ──┼── 培训质量监控
   评价 ───                         ├── 培训工作计划与总结
   指标                             ├── 培训档案管理
   体系                             └── 培训反馈制度

                                    ┌── 培训目标的达成度
                                    ├── 考核成绩合格率与分布情况
                                    ├── 反映学员综合职业能力的作业或作品情况
                                    ├── 培训学员取证率
                          培训效果 ──┼── 企业评价
                                    ├── 学员自我评价
                                    ├── 培训管理评价
                                    ├── 学员满意度
                                    ├── 选送单位满意度
                                    └── 培训创新
```

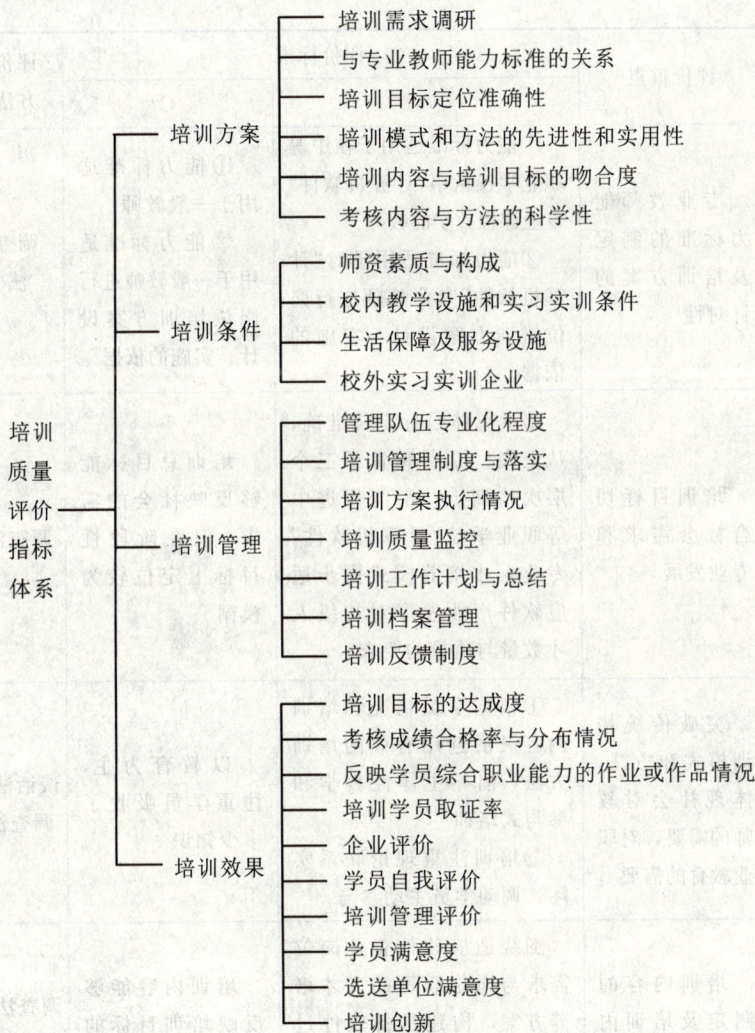

图1　培训工作质量的二级指标

附：计算机软件专业培训质量评价指标体系

一级指标	二级指标	评价重点	评价标准 A	评价标准 C	评价方法	评价等级	权重	得分
培训方案 20	培训需求调研	调研成果、成果应用	有详细的调研报告，调研结果充分利用	对培训内容征求学员意见并采用	查资料、开座谈会		15	

一级指标	二级指标	评价重点	评价标准		评价方法	评价等级	权重	得分
			A	C				
培训方案 20	与专业教师能力标准的关系	专业教师能力标准的制定及培训方案的针对性	①能力标准适用于在中等职业学校从事"计算机软件"专业课程教学的教师 ②能力标准适用于对"计算机软件"专业教师进行岗位培训方案设计、实施的依据	①能力标准适用于一般教师 ②能力标准适用于一般教师进行岗位培训方案设计、实施的依据	调查法		10	
	培训目标定位准确性	培训目标切合社会需求和专业发展	培训总体目标定位准确,从上岗、提高和骨干三个层次培训上,都能促进中等职业学校"计算机软件"专业人才培养模式同步适应软件产业发展对初级人才数量与质量的要求	培训总目标能够反映社会的需求,但在阶段性目标上定位较为模糊	调查法		15	
	培训模式和方法的先进性和实用性	突破传统培训模式和方法,体现社会对教师的需要,对职业教育的需要	①根据学员情况和培训内容灵活选用有效的培训方法,倡导主体性教学和参与式培训 ②培训注重理论联系实际,调动学员主动参与	以教育为主,注重学员吸收了多少知识	谈话法、调查法		25	
	培训内容与培训目标的吻合度	培训内容的制定及培训内容的针对性、时代性	围绕适应软件企业岗位需求与岗位职责的人才培养方案,构建具备软件过程实施能力的师资队伍,提高学生个人能力与相关岗位的适配率	培训内容能够反映培训目标的要求,但可操作性与实用性不够	调查法、开座谈会		20	
	考核内容与方法的科学性	实施与挖掘学生个人能力与相关岗位适配性的评价方法	包括培训过程与培训结果相结合的专业教学能力、职业教育研究考核和企业实训考核	一次性终结性评价	实测法		15	

一级指标	二级指标	评价重点	评价标准		评价方法	评价等级	权重	得分
			A	C				
培训条件 25	师资素质与构成	双师型教师及专兼职教师的比重	兼职教师由高校或教育研究部门的专家教授、教育行政干部及优秀中专学校校长组成，专兼职教师比例达 6∶4，其中的具有副教授以上职称的双师型应占 50% 以上	以本校教师为主，兼职教师不足 20%	学员座谈		30	
	校内教学设施和实习实训条件	包括基础设施、教学设备、图书资料和校内实训基地	①专用教室、微机室、图书室和校内固定的实训场所 ②电化教学设备：多媒体、互联网、投影仪等	校内教学设施和实习实训条件基本满足学员的需求	实地查看、召开座谈会		20	
	生活保障及服务设施	食宿条件、娱乐活动及医疗保障	① 按教育部要求划拨 30% 作为伙食费用 ② 按两人标间住宿，配套适宜的文体活动设施 ③配套医疗及人生保险	生活设施（食堂、宿舍、娱乐）基本满足学员要求	实地查看、听取汇报		15	
	校外实习实训企业	实训学时数、企业配合力度	确保至少签约两个以上软件企业的实训基地，受训学员分 Java 和 .NET 方向在企业实训实习，每个方向至少提供 2 个企业在研项目案例	企业实训基本满足学员实践能力提升的需求	培训基地自评、召开学员座谈会		35	
培训管理 30	管理队伍专业化程度	管理队伍的稳定性及专业性	①培训基地有关领导专门负责培训工作 ②有专职工作人员，且职责分明 ③专职工作人员有较高协调及组织管理能力	①管理队伍不稳定 ②事务性经验式管理	培训基地自评		20	
	培训管理制度与落实	培训管理的人本化和规范化	①班级管理制度 ②实践考察制度 ③综合考核评价制度（对教学工作、管理工作、学员学习效果、学员培训需求评价制度等）	管理制度不够全面，没有形成标准化文本，贯彻执行缺乏弹性与灵活性	听取汇报、查看材料		15	

续表

一级指标	二级指标	评价重点	评价标准		评价方法	评价等级	权重	得分
			A	C				
培训管理30	培训管理制度与落实	培训管理的人本化和规范化	④学籍管理及结业证书发放 ⑤奖惩制度 ⑥经费使用制度	管理制度不够全面，没有形成标准化文本，贯彻执行缺乏弹性与灵活性	听取汇报、查看材料		15	
	培训方案执行情况	培训方案执行力度与效度	高度重视培训方案的落实，并实现预期目标	培训方案基本落实	培训基地自评		15	
	培训质量监控	对培训教学行为及培训教学管理行为的监控	培训质量监控的组织结构、方法、制度、督导和联络等方面形成有机的系统运行体系	培训质量监控系统的全员性、全程性和可行性不够	培训基地自评		20	
	培训工作计划与总结	工作计划的制订、经验的总结	①按教育部要求制订培训工作计划 ②按要求开全课程，开足课时 ③企业实训占40%以上 ④发现问题，总结经验，改进方法	培训工作基本按照教育部要求，但在学时总数和企业实训的环节上做得不够	听取汇报、召开座谈会		10	
	培训档案管理	培训档案文件收集得完整、齐全，确保培训档案的数量和质量	包括各种文件、培训方案、规章制度、教学计划、教学大纲、科研课题，包括各种信息的名册、课程表、考勤表、成绩表、通讯录、各种培训证书，还有各种教材、资料、试卷和一些照片、录像，有各种通知、会议记录、学员对教学的反馈表等的档案管理规范、科学与完整	培训档案管理的完整性、真实性和规范性等方面有待进一步提高	听取汇报、召开座谈会		10	
	培训反馈制度	培训反馈内容的真实性、时效性和全面性	培训反馈及时、准确、全面	培训反馈基本能调控培训的顺利进行	听取汇报、召开学员座谈会		10	

续表

一级指标	二级指标	评价重点	评价标准		评价方法	评价等级	权重	得分
			A	C				
培训效果25	培训目标的达成度	培训目标的实现程度，它包括数量、质量、时限等内容	①学员的考核成绩全部合格 ②学员对教师的教学评价好	大部分学员基本达到培训的目标能力要求	集体审定、群体评议		15	
	考核成绩合格率与分布情况	成绩合格率及优良中差的比例	成绩合格率达100%，并呈倒U形分布	成绩合格率达80%	听取汇报		10	
	反映学员综合职业能力的作业或作品情况	反映学员综合职业能力的作业形式、完成情况与质量	学员高质量的完成了规定的小论文、一门专业基础课程教学计划和教案等作业或作品	基本完成培训要求的作业或作品	听取汇报、召开座谈会		15	
	培训学员取证率	学员获得相应的资格证书	中等职业技术学校教师资格证、程序员和软件评测员或软件设计师取证率达70%	取证率达50%	听取汇报		10	
	企业评价	企业对学员实训的综合评价	企业对学员在实训期间实践动手能力予以肯定	企业对学员在实训期间实践动手能力基本认可	听取汇报、召开座谈会		10	
	学员自我评价	学员对学习结果的评价	学员对学习结果的自评满意，达到培训的目标能力要求	学员对学习结果的自评基本满意	听取汇报、召开座谈会		5	
	培训管理评价	培训管理制度与落实的评价	得到培训结构、学员、企业和选送单位的一致好评	培训结构、学员、企业和选送单位评价合格	培训基地自评、学员评议		5	
	学员满意度	学员满意度测评	学员满意度达90%	学员满意度达70%	群体评议		10	
	选送单位满意度	选送单位满意度测评	选送单位满意度达90%	选送单位满意度达70%	集体审定、群体评议		10	

续表

一级指标	二级指标	评价重点	评价标准		评价方法	评价等级	权重	得分
			A	C				
	培训创新	包括培训模式、教学与实训的创新	①教育为主转变为以学习为主 ②变传统式教学为开放式培训，让学员真正成为培训主体 ③实训贯穿整个教学环节	以教师、学科教材、课堂讲授为中心组织培训教学	培训基地自评		15	